몸짓으로 배우는 초등 수학 1

자연수와 자연수의 덧셈과 뺄셈

몸짓으로 배우는 초등 수학 1

2012년 3월 2일 처음 펴냄
2016년 4월 5일 2쇄 찍음

지은이 정경혜
펴낸이 신명철
펴낸곳 (주)우리교육
등록 제 313-2001-52호
주소 (03993) 서울특별시 마포구 서교동 월드컵북로 6길 46
전화 02-3142-6770
팩스 02-3142-6772
홈페이지 www.uriedu.co.kr
인쇄 (주)상지사 P&B

ⓒ 정경혜, 2012
ISBN 978-89-8040-672-2 14410
ISBN 978-89-8040-675-3 (세트)

* 이 책의 내용을 쓰고자 할 때는 저작권자와 출판사의 허락을 받아야 합니다.
* 잘못된 책은 바꾸어 드립니다.
* 책값은 뒤표지에 있습니다.

이 도서의 국립중앙도서관 출판시도서목록(CIP)은 e-CIP 홈페이지(http://www.nl.go.kr/ecip)에서
이용하실 수 있습니다.(CIP 제어번호:CIP2012000990)

몸짓으로 배우는 초등 수학 1

자연수와 자연수의 덧셈과 뺄셈

정경혜 지음

우리교육

오늘날 수학 교육에서 대부분의 관계자들이 가장 걱정하는 첫 번째 문제는 아이들이 수학 공부를 할 때 사고는 하지 않고 기계적으로 문제를 푼다는 것이다. 그러나 이는 아이들만의 잘못은 아니다. 오히려 가르치는 어른들이 아이들로 하여금 절차적이고 기계적으로 문제를 풀게 만들었기 때문이라고 생각한다. 두뇌 발달 단계 이론에 따르면 나이가 들어가면서 형식적 사고가 가능한 어른들은 추상의 수와 식이 눈에 보이지 않아도 사고하며 해결할 수가 있다고 한다. 그러나 구체적 사고를 하는 초등학생들에게 추상의 수와 식만을 가지고 설명하는 것은 아이들에게 절차에 따라서 기계적으로 문제를 풀라고 강요하는 것과 같다고 했다. 오늘날 수학 교육을 둘러싸고 있는 핵심 문제는 두뇌 발달 단계를 잘 이해한 초등학생에게 맞는 초등 수학 교육 방법이 부족했기 때문이라고 감히 말하고 싶다.

추상적 사고력이 부족해서 기계적 풀이로만 수학을 인식하는 아이들에게 수학의 바탕이 되는 수와 식을 구체적인 사물과 활동을 통해 보여 주고 체험할 수 있게 가르쳐야 한다고 생각했다.

그래서 첫 번째로 '색카드'와 '몸짓'을 보조물로 사용해서 수와 식을 보여 주고, 활동하게 했다. 그랬더니 아이들은 '내가 수가 된 느낌이다', '눈으로 보니까 이제 수를 알겠다', '덧셈이 무엇인지 알았다', '나눗셈이 어떤 뜻인지 알았다' 등의 반응을 보였다.

두 번째로 '개념을 갖고 놀아야 한다'고 한 아인슈타인의 말처럼 수학의 개념과 식을 설명하는 것이 아니라 놀이를 통해서 스스로 이해하게 해야 된다고 생각했다. 실제로 놀이를 통해서 아이들은 수학의 여러 개념들을 자기 주도적으로 이해하고 적용하는 모습을 보여 주었고 또 수학을 좋아하게 되었다.

마지막으로 아이들이 좋아하는 동화와 연극을 통한 상황극을 이용하여 수학의 개념에 대한 이해와 계산 방법을 알 수 있게 도와줘야 된다고 생각했다. 그 결과 동화와 연극으로 공부한 아이들은 계산의 원리를 잘 이해하며 또한 내용도 잊어버리지 않았다.

이런 세 가지 바탕 위에서 필자와 함께 공부한 우리 반 아이들은 더 이상 계산 문제만 푸는 기계가 아닌 철저한 이해를 바탕으로 사고하는 수학 공부를 했다. 더 나아가 공부를 좋아하는 아이들로 변했고, 학력이 높아졌으며 아이들의 자존감이 높아지는 모습을 보여 주었다.

그동안 10년 가까이 현직에 계신 많은 선생님들께 수학 교육 방법에 관한 필자의 생각들을 수없이 강의했다. 많은 선생님들이 공감하고, 책으로 나오면 책상 옆에 두고 수학 교육 지침서로 사용하고 싶다고 했다. 필자의 노력 부족으로 지금에야 빛을 보게 되었다. 이 책이 나오기까지 많은 인내와 도움을 준 가족들께 감사한다. 교육 연극에 눈을 뜨게 해 주고 교사로 살면서 행복을 느끼도록 도움을 주신 서울교대 황정현 교수님과 피곤한 몸을 마다 않고, 매주 모여서 교육 연극이 초등 교육 현실에 어떻게 도움을 줄 것인가 머리를 맞대고 연구하고 있는 초등 교육 연극의 대들보 소꿉놀이 식구들, 저자의 강의를 듣고 실천하는 가운데 이제야 교사로서 제대로 된 수학을 가르치게 되었다면서 하루빨리 책을 만들어서 많은 교사들과 어린이들에게 도움을 줘야 한다고 끊임없이 독려해 준 아산의 김영주 선생님께 감사를 드린다. 수업 때마다 "수학 공부가 정말 재미있어요. 수학 시간이 기다려져요. 저는 수학을 잘 해요." 하면서 자신감 있게 웃던 아이들의 얼굴을 보며 이 학습활동들을 꼭 써서 많은 분들께 알려야겠다고 마음을 다졌다. 사랑하는 많은 제자들에게 고맙다는 인사를 전하고 싶다. 무엇보다 아이디어 궁핍으로 힘들어할 때 가뭄에 단비처럼 기막힌 아이디어를 주신 하나님께 무한한 감사를 드린다.

이 책이 대한민국, 아니 전 세계를 짊어지고, 더 나은 세계를 창조할 우리 아이들을 지혜롭게 키우고자 열망하는 수많은 어른들에게 좋은 수학 교육 지침서가 되길 간절히 바란다.

2012년 2월
정경혜

이 책은 초등 수학 학습 내용의 60% 가까이를 차지하는 수와 연산 지도를 위한 안내서이다. 수와 연산이 60% 정도라고 하지만, 엄밀하게 말하면 수와 연산을 제대로 이해하지 못하면 초등 수학의 측정, 규칙, 함수 등 어느 부분도 수행할 수가 없다. 즉 '수와 연산은 초등 수학의 전부다' 라고 표현해도 과언이 아니다. 초등 수학의 개념과 원리를 지도하는 데 어려움을 느끼는 많은 분들께 이 책이 도움을 주리라고 생각한다.

1. 이 책(자연수와 자연수의 덧셈과 뺄셈)은 초등 수학 중에서 저학년 수학 학습 내용의 대부분을 차지하는 자연수와 자연수의 덧셈과 뺄셈 지도를 위한 안내서이다. 어린이들의 구체적 사고에 맞춰 자연수와 자연수의 덧셈과 뺄셈의 세계를 눈으로 볼 수 있게 하고, 또 어린이 자신이 직접 수가 되어 활동하면서 수와 연산을 체험할 수 있게 만들었다. 또한 놀이로 모든 개념을 이해하게 만들었다. 이 책은 가르치는 사람에게는 기계적 설명을 할 필요 없이 효과적으로 수학을 가르칠 수 있게 도움을 줄 것이다. 나아가 배우는 어린이들에게는 수와 연산에 대한 기초를 단단히 다지게 하여 수학 시간을 즐겁게 기다리는 마법 같은 일이 일어나게 할 것이다.

2. 이 책은 수학에서 사용하는 수와 기호, 식 등을 '수학나라 말' 이라고 정의하였다. 그리고 1학년에서는 수학 시간은 수학나라에 들어가서 수학나라 말을 사용한다는 것을 자연스럽게 이끌어 갔다. 실제로 이렇게 약속하였을 때 아이들은 자연스럽게 수학나라 말로만 표현하려는 태도를 갖게 되며 식으로 표현하라는 말보다는 수학나라 말로 표현하라는 말을 더 쉽게 이해하고, 수학을 재미있게 생각하는 모습을 볼 수 있었다.

3. 이 책에서 안내하는 학습활동을 수행하기 위해서 교실 가운데 공간을 비워 두는 것이 중요하다. 아이들이 수카드를 들고 서 있을 공간, 놀이를 위한 공간 등 활동하는 수업을 위한 공간이 꼭 필요하다.

예

	교사	
	활동 공간	

4. 수업 시간에 교사와 학생들이 같이 사용하는 교사용 색카드는 색도화지의 $\frac{1}{2}$ 크기를 사용하였으며, 학생 개인이 책상 위에 놓아 보는 학생용 색카드는 색도화지의 $\frac{1}{16}$ 크기를 사용하였다. (이 색카드들은 한번 만들어 놓으면 잃어버리거나 훼손되지 않으면 1년도 사용할 수 있다.) 수학 시간에는 항상 이 색카드를 분홍, 파랑, 녹색, 노랑 각 색깔별로 교사가 20장($\frac{1}{2}$ 크기), 학생이 20($\frac{1}{16}$ 크기)장 정도를 준비한다. 1학년에서는 분홍과 파랑, 2학년에서는 분홍, 파랑, 녹색, 3학년 이상은 분홍, 파랑, 녹색, 노랑이 필요하다.

예 분홍 색도화지

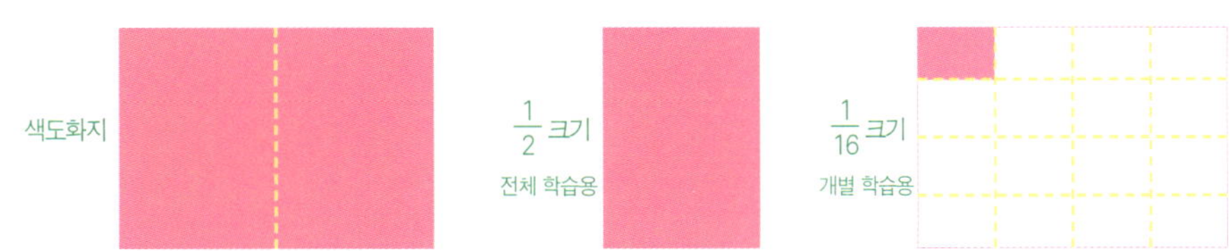

5. 이 책에 나오는 모든 색카드의 모습은 아이들이 색카드를 들고 서 있는 모습과 같이 생각하면 된다. 색카드의 모습 그대로 아이들이 색카드를 한 장씩 들고 학습활동을 전개한다. 수를 눈으로 볼 수 있고, 연산 활동에 색카드를 사용하여 활동하다

보면 연산 과정을 100% 이해하게 된다. 아이들이 색카드를 이용해서 본인이 직접 수가 되어 친구들과 덧셈을 하기 위해 합치기도 하고, 뺄셈을 하려고 없어지는 활동을 하면서 연산 과정을 자세하게 눈으로 보고, 머리로 생각할 수 있게 만들었다. 이 활동을 통해서 아이들은 더 이상 기계적인 계산이 아닌 눈으로 보고, 사고하는 계산을 하게 되었다. 그리고 이 색카드를 '상상의 네모 풍선'이라 부른다. 네모이지만 상상 속에서 풍선으로 생각하는 재미를 더하기 위해서이다.

6. 수학 시간에는 수를 들거나 식을 쓸 때 항상 백지 수카드를 준비한다. 크기는 교사용으로는 (A$_4$ $\frac{1}{2}$ 크기) 30장 정도, 학생용으로는 (A$_4$ $\frac{1}{8}$ 크기) 30장 정도를 준비한다. 이 카드 위에 수와 기호를 써 가면서 수학 공부를 한다. (종이는 이면지를 사용하면 된다.)

백지 수카드를 사용할 것을 적극 권장하고 싶다. 공책을 두고 왜 백지 수카드를 만들어서 사용하느냐 의문을 가질 수 있지만, 6학년이 되어서도 등식에 관해서 이해를 제대로 못하던 학생들이 백지 수카드로 식을 놓아 보는 활동 2주 만에 등식을 확실하게 이해했다고 좋아했다. 백지 수카드는 아이들이 수학 세계를 이해하는 데 큰 도움을 준다.

예 A$_4$ 용지

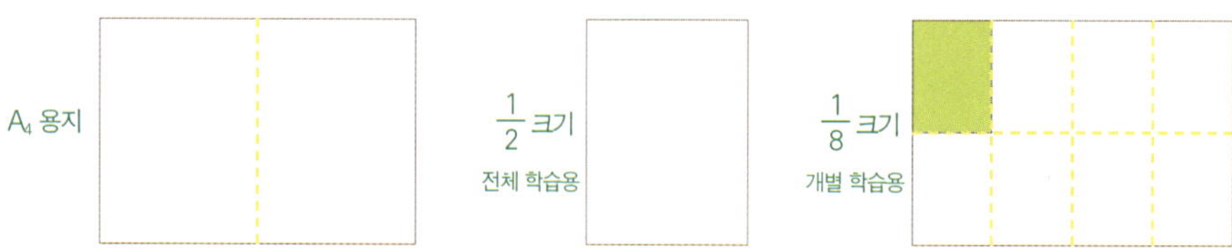

7. 초등 교과서에 나오는 모든 십진수의 계열을 학습자의 몸 부위에 약속을 해서 몸에 붙여 놓음으로써 십진수를 잊어버리지 않고 계속 생각하고 공부할 수 있도록

하였다. 또 몸짓의 단계를 통해서 십진수의 단계도 더 정확하고 쉽게 이해할 수 있
게 도와주었다. (마지막 쪽에 있는 몸짓수 예시 참고)

8. 개념 이해를 돕기 위해서 많은 놀이를 실어 놓았다. 책에 실린 놀이를 주어진
시간에 다 할 필요는 없으나 학생들이 특별히 재미있어하는 놀이를 중심으로 그 놀
이를 자주 하면 아이들이 개념을 이해하는 데 도움이 될 것이다. 또한 아무리 아이
들이 재미있어하는 놀이라도 한 술 밥에 배부르지는 않는다. 놀이의 방법과 규칙을
아는 데도 시간이 필요하다는 것을 생각하고, 놀이를 한 번 하고는 별로 효과가 없
다고 단정하는 것은 곤란하며 같은 놀이를 몇 번 정도 반복하기를 권한다.

9. 색도화지나 몸짓 외에 동화를 만들어서 개념 이해를 도와주었다. 어린이들은
현실보다 동화를 더 좋아한다. 그 과정에서 더 감명을 받고 내용 이해도 더 잘하며
또 기억도 잘한다. 그러나 책에 있는 동화를 그대로 따라 할 필요는 없다. 가르치는
사람이 필요하다고 생각되는 부분만 간추려서 동화를 이끌어 가도 좋고, 약간씩 변
경하거나 수정해서 사용할 수 있다. 동화를 이용해서 간단한 연극 활동을 하면 더
재미있게 학습활동을 할 수 있다.

10. 이 책은 아이들이 수와 연산의 개념과 계산 방법을 이해하는 데 어떻게 접근
할 수 있는지 하나의 샘플로서 적은 것이다. 이 책에 쓰인 그대로 할 필요는 없다.
이렇게 접근하면 되겠구나 생각하면 나머지 모든 발문들은 학습하는 아이들의 상황
에 맞추어서 예를 달리 들어서 접근해도 좋은 가르침이 될 것이다. 또한 하나의 제
재를 두고, 그 시간 안에 다 마치려는 과욕은 오히려 좋지 않다. 제재를 두고, 상황
에 맞춰서 어떤 부분은 오랫동안 반복하면서 이해를 쌓는 것도 좋은 방법이 된다.

1. 5까지의 수
(놀이해 봐요)

▪ 들어가면서

1. '친구야, 반가워.' 인사를 한 번 하세요.

2. 친구 손을 두 번 잡아 주세요.

▪ 목표

사물의 개수(1에서 5까지)를 나타내는 수를 잘 이해하고 사용할 수 있다.

▪ 준비물

수학나라 말을 쓸 백지 카드 30장(A_4 $\frac{1}{8}$ 크기), 교사용 모자 여러 개

▪ 내용

0에서 5까지의 자연수를 경험하는 시간이다. 일반적으로 5까지의 자연수는 대부분 아이들이 이해하고 있으므로 새로운 내용을 가르친다기보다는 활동을 통해서 자연스럽게 0에서 5까지의 수를 다시 확인하는 시간을 가지면 된다. 기수와 서수, 그리고 하나 큰 수, 하나 작은 수 등 5시간 정도의 수업 분량을 하나로 묶어 놓았다. 1시간에 이 수업안을 다 해야 하는 것이 아니다. 필요한 내용과 분량만큼 교사가 재구성해서 그 활동을 여러 번 반복해서 하는 것도 중요하다. 또 놀이 활동 도중에 아이들에게 역할을 주어서 아이들이 리더가 되어 놀이를 이끌고 수를 말하는 경험을 할 수 있게 하면 더욱 적극적인 학습활동이 된다.

▪ 활동 1 수학나라에 들어갈 준비

교사는 이끔이가 되고 교사의 요구대로 아이들이 활동한다.

교사 우리 모두 일어서서 수학나라에 가요. 종이 카드와 연필을 갖고 가요. 수학나라에

들어가기 위해서는 먼저 수학나라에 들어가는 식을 가져야 합니다. 자 지금부터 수학나라에 들어가는 식을 갖습니다.

아이들

① 모두 손뼉을 한 번 치고,

② 오른손 주먹을 쥐고 위로 올리면서 ‘수학나라 가자’를 두 번 외친다.

③ 그리고 제자리에서 세 번 뛰기.

(또 수학나라에 들어가려면 어떤 활동을 한 가지 더하면 좋을까요? 질문하여 아이들의 생각을 활동에 포함시키기도 한다.)

교사 이제 식을 마쳤으니 수학나라로 들어갑니다.

(눈을 감고 ‘수학나라 문 앞이다.’ 한 번 외친다.)

아이들 활동

① 눈을 감고 제자리에서 ‘수학나라 문 앞이다’라고 한 번 외친다.

■ **활동 2** 수학나라에 들어감

수학나라 문지기는 교사가 역할을 맡고 아이들은 문지기의 요구대로 활동한다.

수학나라 문지기1 수학나라에 오신 걸 환영합니다. (교사는 모자를 쓴다). 나는 첫 번째 문지기입니다. 발을 한 번 구르고 한 번을 수학나라 말로 종이 카드에 써서 보여 주세요. 그리고 소리를 내어서 읽어 보세요.

아이들 (그대로 활동한다.) ⏵1⏴, 일.

수학나라 문지기1 수학나라 말을 이상하게 쓰는 사람이 보이네요. 모두 오른손을 공중에 드세요. 그리고 내가 쓰는 대로 따라 쓰세요. (교사는 칠판에 크게 쓴다.)

아이들 (그대로 활동한다.)

수학나라 문지기1 자기의 코를 다섯 번 만지세요. 그 ‘다섯 번’을 수학나라 말로 종이 카드에 써서 보여 주세요. 그리고 소리를 내어서 읽어 보세요.

아이들 (그대로 활동한다.) ⏵5⏴, 오.

수학나라 문지기1 수학나라 말을 이상하게 쓰는 사람이 보이네요. 모두 오른손을 공중에 드세요. 그리고 내가 쓰는 대로 따라 쓰세요.

아이들 (그대로 활동한다.)

수학나라 문지기1 만세를 네 번 부르세요. 그리고 '네 번'을 수학나라 말로 종이 카드에 써서 보여 주세요. 소리를 내어서 읽어 보세요.

아이들 (그대로 활동한다.) 4 , 사.

수학나라 문지기1 수학나라 말을 이상하게 쓰는 사람이 보이네요. 모두 오른손을 공중에 드세요. 내가 쓰는 대로 따라 쓰세요.

아이들 (그대로 활동한다.)

수학나라 문지기1 하품을 크게 두 번 하세요. 그리고 '두 번'을 수학나라 말로 종이 카드에 써서 보여 주세요. 소리를 내어서 읽어 보세요.

아이들 (그대로 활동한다.) 2 , 이.

수학나라 문지기1 수학나라 말을 이상하게 쓰는 사람이 보이네요. 모두 오른손을 공중에 드세요. 내가 쓰는 대로 따라 쓰세요.

아이들 (그대로 활동한다.)

수학나라 문지기1 짝하고 마주 보며 손뼉을 세 번 치세요. 그리고 '세 번'을 수학나라 말로 종이 카드에 써서 보여 주세요. 소리를 내어서 읽어 보세요.

아이들 (그대로 활동한다.) 3 , 삼.

수학나라 문지기1 수학나라 말을 이상하게 쓰는 사람이 보이네요. 모두 오른손을 공중에 드세요. 내가 쓰는 대로 따라 쓰세요.

아이들 (그대로 활동한다.)

수학나라 문지기1 짝하고 마주 보며 손뼉을 칠 준비를 하세요. 그리고 같이 손뼉을 치려고 할 때에 한 사람은 손을 피하세요. 손뼉을 쳤어요? 못 쳤어요? 그 못 친 것을 수학나라 말로 종이 카드에 써서 보여 주세요. 그리고 소리를 내서 읽어 보세요.

아이들 (그대로 활동한다.) 0 , 영.

수학나라 문지기1 지금부터 선 자리에서 내 앞으로 '0' 번 오세요.

아이들 (그 자리에 그대로 서 있는다.)

수학나라 문지기1 오지 못하고 그대로 선 것을 수학나라 말로 쓰고 읽어 보세요.

아이들 (그대로 활동한다.) 0 , 영.

수학나라 문지기1 수학나라 말을 이상하게 쓰는 사람이 보이네요. 모두 오른손을 공중에 드세요. 내가 쓰는 대로 따라 쓰세요.

아이들 (그대로 활동한다.)

수학나라 문지기1 이제 두 번째 문으로 가세요. 잠깐. 여러분, 두 번째 문으로 가는 길은 매우 험하답니다. 내가 안내할게요. 자 한쪽 발로 다섯 번을 뛰세요. 그다음 차렷 자세로 '문지기 님' 하고 세 번 큰 소리로 불러 보세요. 문지기 님이 여러분 앞에 서 계시네요. 각자의 머리에 양손을 다섯 번 올리면서 인사하세요. 물론 '안녕하세요' 말도 하면서 인사하세요.

수학나라 문지기2 으하하하. 수학나라에 오신 걸 환영합니다. (교사는 다른 색 모자를 쓴다.) 나는 수학나라 두 번째 문지기입니다. 수학나라 말(1, 2, 3, 4, 5)을 여러분의 몸으로 만들어 주길 바랍니다. 잘했으니 세 번째 문으로 가세요.

수학나라 문지기3 마지막 세 번째 문입니다. 이 문을 통과하면 수학나라 왕을 만나서 재미있게 놀 수 있어요. 이 길은 더욱 힘듭니다. 모두 나의 말을 따라 잘 해 주기 바랍니다. 첫 번째, 다리를 최대한 많이 앞으로 벌려서 네 번을 가세요. 두 번째, 여기는 아주 좁은 길입니다. 몸을 옆으로 해서 좁게 다섯 걸음을 가세요. 세 번째, 동물들이 깰지 모릅니다. '살금살금'을 세 번 작은 소리를 내면서 가세요. 이제 수학나라 왕이 나오셨네요. '수학나라 왕 만세' 하고 양손을 위로 번쩍 들면서 다섯 번 외치세요.

▪ 활동 3 수학나라 왕과 놀기

교사는 수학나라 왕과 놀이의 이끔이 역할을 맡는다.

수학나라 왕 수학나라에 잘 오셨어요. 나는 놀이를 좋아하는 수학나라 왕입니다. (교사는 왕관 모자를 쓴다.) 지금부터 놀이를 하겠습니다. 못하면 수학나라에서 못 나갑니다.

상어 놀이

· 준비_학생용 백지 수카드 20장($\frac{1}{8}$ A$_4$ 용지)

· 활동

1. 교사는 양팔을 앞으로 쭉 뻗고 양손을 합친 가운데 무서운 상어 표정을 지으며 "한 개, 두두 두두" 하면서 아이들 앞으로 다가간다.

2. 교실의 모든 아이들은 재빨리 흰색 카드에 1 을 써서 상어 앞으로 내민다.

3. 숫자 1 대신에 ☐ 안에 동그라미를 1개 그려 달라고 ○ 요구해도 좋다.

4. 계속 상어는 〈두 개, 세 개, 네 개, 다섯 개, 영 개〉로 하기도 하고 〈일, 이, 삼, 사, 오, 영〉으로 놀이를 하기도 한다.

수학나라 왕 여러분 놀이를 아주 잘했어요. 더 재미있는 놀이를 하겠으니 잘 들으세요.

몸짓수 놀이 교사가 손가락으로 혹은 수카드로 수를 보이면 아이들은 수대로 허리를 친다.

· 준비_교사용 수카드

· 활동

1. 교사가 손가락으로 수를 보인다. (예 : 3)

2. 아이들은 양손으로 허리춤을 3번 춘다. (손바닥이 몸 안쪽을 향한 채 허리를 3번 친다.)

3. 교사가 제시하는 수에 따라 허리를 치면 된다.

4. 응용해서 짝끼리 한 사람이 허리를 치면 한 사람은 수를 말한다.

숫자 부르기 놀이

· 준비_의자

· 활동

1. 5명이 나와서 의자 5개에 차례대로 앉는다.

2. 맨 앞에 앉은 사람부터 첫째, 둘째, 셋째, 넷째, 다섯째 순서대로 외친다.

3. 첫째 번 사람이 먼저 '시작합니다' 하면서 자기를 제외한 다른 수 중에서 아무나 부른다. 다섯째 안에 있는 수 중에서 (예 : 셋째) 부른다.

4. 불린 셋째 번은 자기의 수를 제외한 다섯째 이내의 수 중에서 아무 수나 부른다.

5. 번호를 불린 사람들이 계속 남의 번호를 부르면서 놀이는 진행된다.

6. 번호가 불렸을 때 제때에 남의 번호를 못 부르거나 자기 번호를 부르는 등 잘못했을 경우에는 그 사람은 자기 자리를 떠나 제일 끝자리인 다섯째 번 자리로 가서 앉는다. 그리고 다른 사람들은 빈자리를 차례대로 옮겨서 채운다.

7. '다섯째 번' 사람이 틀렸을 경우에는 갈 자리가 없으므로 벌로 오른손, 왼손, 오른발, 왼발을 차례대로 들면서 놀이한다.

   * 인원수가 많을 때는 〈숫자 놀이〉를 하는 팀 외에 나머지 사람은 참관한다. 또 서로 역할을 바꾸기도 한다.

수학나라 왕 이번에는 조금 더 어렵습니다.

상어 놀이 상어가 보여 주는 수보다 1 큰 수를 말하시오.

· 준비_학생용 백지 수카드 20장($\frac{1}{8}$ A_4 용지)

· 활동

1. 상어가 $\boxed{2}$ 를 들고 '두두두두' 하며 아이들 앞으로 움직인다.

2. 아이들은 $\boxed{2}$ 보다 1이 더 큰 수를 들어야 한다. $\boxed{3}$ 을 들면서 '삼' 혹은 '셋' 이라고 한다.

3. 이때 제대로 못한 아이들은 술래(상어)가 되든지 교사가 적당한 역할(뽐내기)을 주도록 한다.

4. 수 5 이상을 넘지 않도록 한다.

   * 뽐내기는 몸으로 숫자 만들기를 해도 좋다.

수학나라 왕 아주 잘했어요. 또 해 볼까요?

상어 놀이 상어가 보여 주는 수보다 1 작은 수를 말하시오.

· 준비_학생용 백지 수카드 20장($\frac{1}{8}$ A_4 용지)

· 활동

1. 상어가 $\boxed{2}$ 를 들고 '두두두두' 하며 아이들 앞으로 다가간다.

2. 아이들은 $\boxed{2}$ 보다 1 작은 수를 들어야 한다. $\boxed{1}$ 을 들면서 '일' 혹은 '하나' 라고 한다.

3. 이때 제대로 못한 아이들은 술래(상어)가 되든지 교사가 적당한 역할(뽐내기)을 주도록 한다.

4. 수 5 이상을 넘지 않도록 한다.

   * 뽐내기는 몸으로 숫자 만들기를 해도 좋다.

헛방 놀이 짝끼리 헛방 놀이를 하기

· 준비_학생용 백지 수카드 20장($\frac{1}{8}$ A₄ 용지), 짝 활동

· 활동

1. 짝끼리 마주 보며 가위바위보를 한다.

2. 진 사람은 두 손을 모아서 들고 있고 이긴 사람은 진 사람의 손을 가운데 두고 두 손을 벌려서 진 사람의 두 손을 치려고 한다.

3. 이긴 사람이 치려고 할 때 진 사람은 이긴 사람 손을 피해서 손을 올리거나 내린다.

4. 이긴 사람이 손을 못 쳤을 때 수학나라 말로 어떻게 표현할까 질문한다.

5. 카드에 0을 쓴다. 혹은 몸으로 0을 써 본다.

나를 소개해요

· 활동

1. 원하는 사람 혹은 도미노 순서로 발표한다.

2. 몸짓으로 숫자를 만들든지, 허리를 몇 번 치든지 해서 숫자를 알아맞힌다.

3. 그 외에 수수께끼 형식으로 '나는 우리 교실의 텔레비전 개수와 같은 수입니다, 나는 3보다 작은 수입니다' 이런 형식으로 알아맞힌다.

크다, 작다 박수 놀이

· 준비_교사용 수카드, 전체 활동

· 활동

1. 교사가 두 수를 동시에 보인다.(1에서 5 사이의 수) 두 수 중에 한 개의 수카드를 번쩍 든다.

2. 두 수를 비교해서 번쩍 든 수가 클 때는 크다 박수를 먼저 치고, 작다 박수를 그다음에 친다. (크다 크다 짝짝, 작다 작다 짝짝 : 크다 크다 할 때는 양손을 밖으로 크게 벌리고 짝짝을 하고, 작다, 작다 할 때는 양손을 안으로 작게 벌린 다음 짝짝 한다.)

3. 두 수를 비교해서 번쩍 든 수가 작을 때는 작다 박수를 먼저 치고, 크다 박수를 그다음에 친다. (작다 작다 짝짝, 크다 크다 짝짝)

수의 범위 주기

· 준비_공깃돌 혹은 도토리, 전체 활동, 짝 활동

· 활동

1. 교사(짝)가 5개의 공깃돌을 갖고 두 손으로 합쳤다가 양손으로 가른다.

2. 오른손에 공깃돌을 쥐고 숨긴 채 수의 범위를 알려 준다.

　(예 : 처음에는 '4개보다 작고, 2개보다 크다' 로 시작해서 잘 맞히고 익숙해지면 4개보다 작고, 1개보다 크다 등으로 범위를 알려 주고 오른손에 쥔 공깃돌 수를 맞히게 한다.

3. 짝끼리 서로 역할을 바꿔 가면서 해도 좋다.

수학나라 왕　오늘 수학나라에 와서 재미있었나요? 다음에 또 놀러 오세요. 내가 여러분들을 빨리 집으로 보내 주겠어요. 눈을 감고 '집에 간다' 를 세 번 외치세요.

아이들　벌써 우리 집이다.

교사　여러분, 수학나라에서 놀이한 것이 재미있었나요? 다음에 또 놀러 갑시다.

tip🔍

백지 카드를 사용하는 이유는?

작은 카드이지만 그 카드에 수를 쓰고 들어 볼 때 아이들은 그 카드와 동체가 된다. 즉 자신이 수가 되는 것이다. 자신이 수가 될 때와 책이나 칠판에 쓰여진 수를 객관적으로 바라볼 때의 학습 이해에 대한 차이 및 학습활동 참여도는 크게 다른 것을 발견할 수 있을 것이다. 그리고 몸짓을 약속하고 허리 치기를 하는 가운데 아이들은 몸에 착 달라붙는 수의 감각을 느끼게 될 것이다.

많은 놀이를 통해서 자연스럽게 수를 익히도록 꾸며 놓았다. 아무리 아이들이 좋아하는 놀이지만 한술 밥에 배부르게 되지는 않는다. 놀이의 규칙 및 방법을 익혀야하므로 놀이를 한 번만 시도하고 멈추지 말고, 여러 번 해 보는 것도 중요하다. 아이들이 특히 재미있어하는 놀이를 많이 해 보는 것도 좋은 방법이다.

이 책에서는 '수학나라'와 '수학나라 말'이라는 용어를 많이 사용하고 있다. 수학 시간에 아이들에게 '우리는 지금 수학나라에 들어갑니다' 혹은 '수학나라에서는 수학나라 말만 사용합니다' 란 멘트만 해도 아이들이 수학 시간에 사용하는 말, 즉 수를 사용한다든가 +, - 등 기호를 사용하는 것에 대해서 쉽게 수학 용어를 수용하는 모습을 발견할 수 있을 것이다. 수를 수학나라 말이라고 이름 붙였을 때 아이들이 수학 시간을 더 재미있어하는 모습을 볼 수 있을 것이다.

2. 9까지의 수
(수학나라 놀이 재미있어요)

■ 들어가면서

1. 연필을 6자루 선물 받을 때를 상상하며 소리 내어 웃어 보세요. 연필을 9자루 선물 받을 때를 상상하며 소리 내어 웃어 보세요.
2. 호랑이가 7마리 몰려오고 있어요. 호랑이가 9마리 몰려오고 있어요. 울어 보세요.

■ 목표

사물의 개수(6에서 9까지)를 나타내는 수를 잘 이해하고 사용할 수 있다.

■ 준비물

수학나라 말을 쓸 백지 카드 30장(A$_4$ $\frac{1}{8}$ 크기)

■ 내용

9까지의 자연수를 경험하는 시간이다. 9까지의 자연수이기 때문에 5까지의 자연수 보다는 조금 어려울 수 있다. 달랑 한 개가 있는 것을 '1'이라고 말할 수도 있지만 여러 개를 묶어 놓은 것을 '1' 묶음이라고 말할 수도 있다. 예를 들면 소리 내어 웃을 때 '하하하하' 이 소리를 한 번으로 생각하고 몇 번 웃어 보아라 한다면 '하'가 한 번이 아니고 묶은 단위가 '1'로 표현될 수 있다는 것도 이해하게 된다. 그러므로 자연수의 경험은 단순한 책의 그림이나 문제지에서 하는 것보다 상황에서 하는 것이 매우 중요하다. 드라마를 통한 상황 속에서 자연수의 경험을 많이 하는 것이 아이들이 살아 있는 수를 경험하는 시간이 된다. 역시 기수와 서수, 그리고 하나 큰 수, 하나 작은 수 등 5시간 정도의 수업 분량을 하나로 묶어 놓았으므로 1시간에 이 수업 안을 다 하는 것이 아니고 필요한 내용과 분량만큼 교사가 재구성해서 그 드라마를 여러 번 반복해서 하는 것도 중요하다. 또 드라마 활동 도중에 아이들에게 역할을 부여하면 아이들이 주체가 되어 수를 말하는 경험을 할 수 있고 더욱 적극적으로 학습활동에 참여하는 모습을 볼 수 있을 것이다.

▪ 활동 1 수학나라에 들어갈 준비 체조
교사는 이끔이가 되고 아이들은 교사의 요구를 이행한다.

교사 모두 일어서세요. 오늘은 더 큰 수학나라로 가 보려고 합니다. 마음의 준비를 단단
히 하세요. 먼저 우리의 몸부터 단련을 합시다. 자 여자는 기지개를 크게 한 번 켜
세요. 남자는 기지개를 두 번 켜세요. 남자는 손뼉을 두 번 크게 치세요. 여자는 손
뼉을 세 번 크게 치세요. 여자는 허리를 뒤로 네 번 젖히세요. 남자는 허리를 뒤로
다섯 번 젖히세요. 이제 수학나라로 들어갈 준비가 다 되었습니다.

▪ 활동 2 수학나라에 들어감
교사는 교사 역할과 수학나라 문지기 역할을 한다. 아이들은 문지기의 요구를 이행
한다. 종이 카드 10장과 연필을 지니고 간다.

교사 여러분, 수학나라 문지기에게 인사를 드리세요. '안녕하세요' 인사를 다섯 번 하
세요.
아이들 안녕하세요, 안녕하세요, 안녕하세요, 안녕하세요, 안녕하세요.
수학나라 문지기 그래요. 잘 왔어요. 그런데 인사를 지금 한 인사의 수보다 한 번 더 해 보
세요. 처음부터 다시 해 보세요.
아이들 안녕하세요, 안녕하세요, 안녕하세요, 안녕하세요, 안녕하세요, 안녕하세요.
수학나라 문지기 잘했어요. 몇 번 했는지 수학나라 말로 써서 보여 주세요.
아이들 (종이 카드에 써서 보여 준다.) 6 .
수학나라 문지기 잘했어요. 들어오세요. 오른쪽을 돌아보세요. 저 곳은 하얀 돌 성이에요.
저곳에 여러분이 하얀 돌을 넣어 주어야 해요. 하얀 돌을 지금 인사한 6번의 수보
다 한 번 많게 그려서 나에게 보여 주세요.
아이들 (종이에 하얀 돌을 그려서 보여 준다.)
수학나라 문지기 다들 잘했어요. 이번에는 왼쪽을 돌아보세요. 저기에는 얼음들이 산더미

처럼 쌓여 있네요. 아이들이 너무 추워서 놀 수가 없다고 하는군요. 아이들이 잘
놀게 하려면 어떻게 해야 될까요? 여러분, 해님을 그려 줄까요? 각자 카드에 해님
여덟 개를 그려서 저 아이들에게 주세요. 수학나라 말로도 써 주세요.

아이들　(종이에 해님을 그리고 수학나라 말도 써서 주는 몸짓을 한다.)

수학나라 문지기　아주 잘했어요. 자 이제 모두 수학나라를 돌아다녀 보아요.

아이들　(아래 ①②③④ 대로 활동한다.)

　　　① 사슴처럼 껑충 일곱 번 뛰어 볼까?

　　　② 금붕어가 물 먹는 흉내를 여덟 번 해 볼까?

　　　③ 토끼처럼 깡충 여섯 번 뛰어 볼까?

　　　④ '하하하하' 웃는 것을 일곱 번 해 보자.

　　　(이때 아이들이 '하' 한 번 소리 내는 것을 한 번 웃는 것으로 생각하면 그렇게 하는 것이
　　　아니고 '하하하하' 묶어서 한 번임을 밝혀 준다.)

수학나라 문지기　여러분, 저기 빵 창고가 보이는데 빵은 하나도 없네요. 빵을 좀 넣어 줘야
겠어요. 빵을 여덟 개 그려 보아요. 잠깐, 여덟 개를 그리니 빵이 맛이 없어 보이네
요. 그 여덟 개에다 한 개를 더 그려 봐요. 아, 이제 빵이 맛있어 보이네요. 그럼 그
빵이 몇 개인지 수학나라 말도 같이 써서 보여 주세요.

아이들　(수학나라 문지기의 요구대로 활동한다.)

수학나라 문지기　참 잘했어요. 이제 마지막 문이에요. 수학나라 왕을 만나는 문이에요. 놀
이를 좋아하는 수학나라 왕을 만나는 문이에요. '와' 소리를 수학나라 왕이 나타날
때까지 내어 보세요.

아이들　'와.'

▪활동 3　수학나라 왕과 놀기

교사는 수학나라 왕 및 놀이의 이끔이가 된다.

수학나라 왕　수학나라에 잘 왔어요. 나는 놀이를 좋아하는 수학나라 왕이에요. (교사는
왕관을 쓴다.) 놀이를 하기 전에 손가락 펴기부터 해 볼까요? 손가락 여섯 개를
펴세요. 손가락 아홉 개를 펴세요. 손가락 여덟 개를 펴세요. 손가락 일곱 개를 펴

세요. 참 잘했어요. 그러면 지금부터 놀이를 시작할까요?

상어 놀이 알맞은 숫자 쓰기

· 준비_학생용 백지 수카드 20장($\frac{1}{8}$ A$_4$ 용지)

· 활동

1. 교사는 "여섯 개, 두두두두" 하면서 아이들 앞으로 나아간다.
2. 아이들은 재빨리 흰색 카드에 ⬚6⬚ 을 써서 상어 앞으로 내민다.
3. 숫자 6 대신에 ⬚ 안에 동그라미를 6개 그려 달라고 요구해도 좋다.
4. 계속 상어는 (일곱 개, 여덟 개, 아홉 개)로 하기도 하고 (육, 칠, 팔, 구)로 놀이를 하기도 한다.

수학나라 왕 여러분이 아주 놀이를 잘했어요. 더 재미있는 놀이를 하겠으니 잘 들으세요.

몸짓수 놀이 교사가 손가락으로 혹은 수카드로 수를 보이면 허리를 치기

· 준비_교사용 수카드

· 활동

1. 교사가 손가락으로 수를 보인다. (예 : 7)
2. 아이들은 양손으로 허리춤을 7번 춘다. (손바닥이 몸 쪽을 향하게 친다.)
3. 교사가 제시하는 수에 따라 허리를 치면 된다.
4. 짝 활동으로 한 사람이 허리를 치면 다른 사람은 수를 맞힌다.

숫자 부르기 놀이 서수를 자연스럽게 익히기

· 준비_의자(사람 수에 따라 준비)

· 활동

1. 9명이 나와서 의자 9개에 차례대로 앉는다.
2. 맨 앞에 앉은 사람부터 첫째, 둘째, 셋째, 넷째, 다섯째, 여섯째, 일곱째, 여덟째, 아홉째 순서대로 번호를 부른다.
3. 첫째 번 사람이 먼저 '시작합니다' 하면서 자기를 제외한 다른 수 중 하나를 부른다. 아홉까지의 수 중에서(예 : 일곱째) 부른다.

4. 불린 일곱째 번은 자기의 수를 제외한 아홉째 이내의 수 중에서 부른다.

5. 번호를 불린 사람들이 계속 남의 번호를 부르면서 놀이는 진행된다.

6. 번호가 불렸을 때 제때에 남의 번호를 못 부르거나 자기 번호를 부르는 등 잘못을 했을 경우에는 그 사람은 자기 자리를 떠나 제일 끝자리 아홉째 번 자리로 가서 앉는다. 그리고 다른 사람들은 빈자리를 차례대로 옮겨서 채운다.

7. '아홉째 번' 사람이 틀렸을 경우엔 갈 자리가 없으므로 벌로 오른손, 왼손, 오른발, 왼발을 차례대로 들면서 놀이한다.

* 인원수가 많을 때는 '숫자 놀이'를 하는 팀과 참관하는 팀으로 나눈다. 또 서로 역할을 바꾸기도 한다.

수학나라 왕 이번에는 조금 더 어려워요.

상어 놀이 상어가 보여 주는 수보다 1 큰 수 말하기

· 준비_학생용 백지 수카드 20장($\frac{1}{8}$ A4 용지)

· 활동

1. 상어가 6 을 들고 '두두두두' 하면서 아이들 앞으로 나아간다.

2. 아이들은 6 보다 1 더 큰 수를 들어야 한다. 7 을 들면서 '칠' 혹은 '일곱'이라고 한다.

3. 이때 제대로 못한 아이들은 술래(상어)가 되든지 교사가 적당한 역할(뽐내기)을 주도록 한다.

수학나라 왕 아주 잘 했어요. 또 해 볼까요?

상어 놀이 상어가 보여 주는 수보다 1 작은 수 말하기

· 준비_학생용 백지 수카드 20장($\frac{1}{8}$ A4 용지)

· 활동

1. 상어가 7 을 들고 "두두두두" 하면서 아이들 앞으로 나아간다.

2. 아이들은 7 보다 1 작은 수를 들어야 한다. 6 을 들면서 '육' 혹은 '여섯'이라고 한다.

3. 이때 제대로 못한 아이들은 술래(상어)가 되든지 교사가 적당한 역할(뽐내기)을 주도록 한다.

번호 부르기 9까지 중복되지 않게 번호를 부르는 놀이

· 준비_8~15명 정도를 한 팀으로 하기

· 활동

1. 맨 처음 아무나 ‘1’ 하고 소리를 낸다. 이때 ‘1’을 부르는 사람이 두 사람 이상이면 ‘2’로 넘어가지 못하고 다시 ‘1’에서 출발한다. 즉 한 사람만 ‘1’ 소리를 내야 한다.

2. 그다음에 정해진 순서없이 아무나 ‘2’ 하고 소리를 낸다. 이때도 역시 ‘2’를 부르는 사람이 두 사람 이상이면 다시 ‘1’로 돌아가야 한다.

3. ‘1, 2’를 한 사람씩 잘 부르면 ‘3’을 부른다. 물론 두 사람 이상이 부르면 다시 ‘1’로 돌아 간다.

4. 무작위 순서로 부르면서도 꼭 한 사람이 숫자를 불러서 ‘9’까지 가도록 한다.

5. 서로 짜맞추지 않고 무작위로 하게 하는 것이 중요하다.

나를 소개해요 여러 가지 방법으로 숫자를 소개하기

· 활동

1. 원하는 사람 혹은 도미노 순서로 발표한다.

2. 몸짓으로 숫자를 만들든지, 허리를 몇 번 치든지 하면 숫자를 알아맞힌다.

3. 그 외에 수수께끼 형식으로 ‘나는 우리 교실의 ○○와 같은 수입니다’ 이런 형식으로 활동 하며 알아맞힌다.

크다, 작다 박수 놀이 큰 수, 작은 수를 비교하여 박수 치기

· 준비_교사가 준비하는 숫자 카드, 전체 활동

· 활동

1. 교사가 두 수를 동시에 보인다. (6에서 9 사이의 수)

2. 교사는 두 수 중에 한 개의 수카드를 번쩍 든다.

3. 두 수를 비교해서 번쩍 든 수가 클 때는 크다 박수를 먼저 치고, 작다 박수를 다음에 친다. (크다 크다 짝짝, 작다 작다 짝짝)

4. 두 수를 비교해서 번쩍 든 수가 작을 때는 작다 박수를 먼저 치고, 크다 박수를 다음에 친다.

수의 범위 주기

· 준비_공깃돌 혹은 도토리, 전체 활동, 짝 활동

· 활동

1. 교사(짝)가 9개의 공기를 갖고 두 손으로 합쳤다가 양손으로 가른다.

2. 오른손에 공깃돌을 쥐고 주먹을 쥔 채 오른손을 들면서 수의 범위를 알려 준다.

   (예) 처음에는 '7개보다 작고, 5개보다 크다'로 시작해서 잘 맞히고 익숙해지면 '7개보다
   작고, 4개보다 크다' 등으로 범위를 알려 주고 오른손에 쥔 공깃돌 수를 맞히게 한다.

3. 짝끼리 서로 역할을 바꿔 가면서 해도 좋다.

몸으로 숫자 만들기 몸을 이용해서 숫자 만들기

· 활동

1. 한 명이 숫자를 만들 수 있다.

2. 두 명이 합쳐서 한 개의 숫자를 만들 수 있다.

3. 더 많은 사람이 모여서 한 개의 숫자를 만들 수 있다.

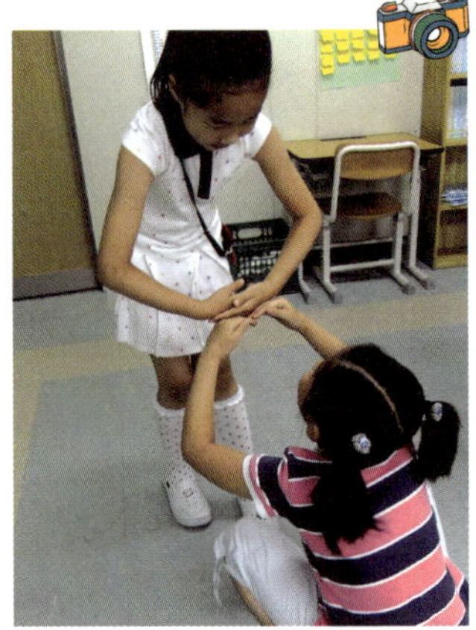

두 사람이 만드는 숫자 8

수학나라 왕 잘했어요. 수고했어요. 내가 여러분을 집으로 빨리 보내 줄게요. 눈을 감아
요. 야아얍!

아이들 벌써 우리 집이네. 수학나라 참 재미있다.

tip

아이들이 놀이를 이끌어 갈 때 자기 주도적이 되며, 학습 의욕이 고조되고, 성취감이 높아지고, 아이들 스스로 더 많은 것을 알아가는 등 여러 가지 장점을 찾아 볼 수 있다. 그 가운데 두드러진 것은 교사보다 친구들이 이끌어 가는 놀이가 더 극적이고 재미있다는 것을 아이들과 교사 모두가 발견하게 될 것이다.

3. 가르기와 모으기
(파랑, 빨강 훌라후프)

▪ 들어가면서

1. 훌라후프 놀이를 한 적이 있는가? 경험 발표하기

2. 양손의 손가락 1개, 손가락 1개를 모으니 몇 개가 되는가?

▪ 목표

가르기를 했을 때 표현되는 수와 모았을 때 표현되는 수가 다른 것을 이해할 수 있다.

▪ 준비물

빨강 훌라후프(1개), 파랑 훌라후프(2개), 백지 카드 30장(A$_4$ $\frac{1}{8}$ 크기)

▪ 내용

가르기와 모으기의 재미있는 활동을 통해서 수의 구성을 알아본다.

훌라후프 놀이

· 준비_ 빨강 훌라후프 1개, 파랑 훌라후프 2개, 아이들의 수카드 (0에서 9까지)

· 활동

1. 아이들 3명이 나와서 빨강 훌라후프 속에 들어간다.

2. 교사가 '해체' 하면 3명이 파랑 훌라후프 두 개 속에 마음대로 갈라져서 들어간다.

3. 앉아 있는 아이들은 그 모습을 보고 2 와 1 두 개의 숫자 카드를 든다.

4. 교사가 '합체' 하면 모두 빨강 훌라후프 속으로 들어간다. 그리고 해당하는 수카드를 들어 본다.

5. 처음에는 작은 수에서 출발하여 잘하면 큰 수 9까지도 한다.

  * 이때 빨강 훌라후프에서 합치면 따뜻해지고, 파랑 훌라후프로 갈라지면 차가워진다고 말해도 좋다.

한 손 펴서 수카드 놓기

· 준비_한 손(수 5), 아이들의 수카드(0에서 5까지)

· 활동

1. 아이들이 손가락 다섯 개 펴기

2. 교사가 '두 개' 하면 아이들이 다른 손으로 손가락 두 개를 접으면서 '두 개', '세 개' 하고
   외친다.

3. 수학나라 카드를 놓아 본다.

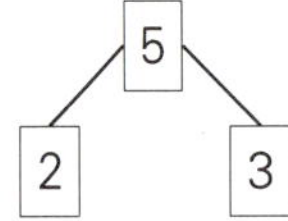

4. 교사가 '네 개' 하면 아이들이 다른 손으로 손가락 네 개를 접으면서 '네 개', '한 개' 라고
   외친다.

5. 수학나라 카드를 놓아 본다.

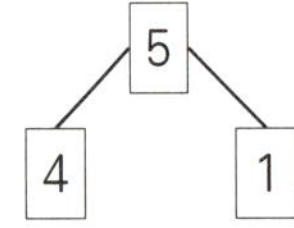

6. 위와 같은 놀이를 계속 하면서 숫자 카드도 놓아 본다.

제시하는 수를 두 손을 이용해서 표현하기

· 활동

1. 교사가 '2' 한다.

2. 아이들은 한 손으로 손가락 한 개, 다른 손으로 손가락 한 개를 피면서 '1과 1'을 큰 소리
   로 외친다.

3. 교사가 '3' 하면 아이들은 한 손으로 손가락 한 개, 다른 손으로 손가락 두 개를 피면서 '1
   과 2'를 큰 소리로 외친다.

4. 처음에는 작은 수에서 출발하여 잘하면 큰 수 9까지도 손가락으로 해 본다.

아이 엠 그라운드 모으기 수 말하기

· 준비_교사가 준비하는 숫자 카드, 짝 활동

· 활동

1. 교사가 숫자 카드 ‘3’ 을 보여 준다.

2. 아이들은 ‘아이 엠 그라운드 모으기 수 말하기’를 손뼉에 맞추어서 하면서 짝 한 명이 ‘1’
   하면 다른 짝이 손뼉에 맞추어 ‘2’ 한다.

3. 또 다른 짝으로 넘어가서 한 명이 ‘0’ 하면 다른 짝이 손뼉에 맞추어 ‘3’ 한다.

4. 중간 중간에 교사가 다른 숫자 카드를 제시한다.

5. 처음에는 작은 수에서 출발하여 잘하면 큰 수 9까지도 해 본다.

상어 놀이

· 준비_아이들의 수카드(0에서 9까지)

· 활동

1. 교사가 숫자 카드 ‘5’ 를 칠판에 붙인다.

2. 교사가 3 을 들고 “두두두두” 하면서 움직이면 아이들은 빨리 2 를 든다.

3. 이때 틀리거나 늦게 든 사람이 술래가 된다.

4. 처음에는 작은 수에서 출발하여 잘하면 큰 수 9까지도 한다.

몸짓 수 놀이 교사가 손가락으로 혹은 수카드로 수를 보이면 허리를 치기

· 준비_교사용 수카드, 혹은 손가락, 아이들의 수카드(0에서 9까지), 짝 활동

· 활동

1. 교사가 수카드로 2와 3을 보인다.(2 , 3)

2. 짝 중에서 한 사람은 허리 2번 치기, 다른 한 사람은 허리 3번 치기 한다.

3. 교사가 모두 합해서 얼마가 되느냐고 물어본다.

4. 작은 수에서 출발하여 큰 수로 나아간다.

5. 반대로 교사가 5 를 보이면 짝 둘이서 알맞게 허리를 친다. 한 사람이 2 를 치면 다른
   한 사람은 3 을 친다. (혹은 4 , 1)

수카드 들기 교사가 손가락 혹은 수카드로 수를 보이면 알맞은 가르기 수 찾기

· 준비_교사용 수카드 혹은 손가락, 아이들의 수카드(0에서 9까지), 짝 활동

· 활동

1. 교사가 수카드로 먼저 5를 든다. (5)

2. 교사 옆의 아이 한 명이 3 을 든다.

3. 앉아 있는 아이들은 재빨리 2 를 들어야 한다. 늦게 드는 아이는 술래가 된다. (이 놀이를
   계속한다.)

4. 짝 활동으로 짝 한 명이 엎어 놓은 수 가운데서 카드 1 을 든다.

5. 다른 짝은 재빨리 엎어 놓지 않은 수 가운데서 4 를 찾아서 들면 된다.

앉고 서기(눕기, 엎어지기)

· 준비_아이들의 수카드(0에서 9까지)

· 활동

1. 아이들 다섯 명이 가운데로 나온다.

2. 교사와 아이들이 '하나, 둘, 셋' 하면 가운데 나온 아이 다섯 명이 앉거나 서기를 한다.

3. 모습을 보고 다른 아이들은 앉은 아이 수카드와 선 아이 수카드 2개를 든다.

4. 앉기, 서기 대신에 눕기, 엎어지기로 해도 좋다.

5. 작은 수에서 출발하여 큰 수로 나아간다.

tip

인간은 감각을 통해서 맨 먼저 학습활동을 한다. 그 감각기관 중 83%가 시각을 통한 활동이라고 한다. 가르기와 모으기를 할 때 교실에 훌라후프를 두고, 빨강 훌라후프 속에 모여 있다가 파랑 훌라후프 속으로 가르기를 하는 장면을 보면서 수카드를 놓아 보는 활동은 모으기와 가르기의 수학 학습을 이해하는 지름길이 된다. 반대로 가르기를 한 파랑에서 빨강 속으로 모아지는 모습을 보면서 수카드를 놓아 보면 가르기, 모으기가 막연하고 피상적인 것이 아니고, 자기 것이 되는 체화의 시간이 된다. 친구들이 직접 활동하는 것을 보거나 자신이 직접 활동을 하면서 놀이를 통한 수학 공부를 하는 것이다. 놀이할 때 집중력과 이해력이 가장 높아진다는 것을 부인할 사람은 없을 것이다. 시각 활동과 놀이 활동을 통한 수학 공부는 이해가 잘되어 수학 시간이 즐거워진다.

4. 더하기
(호랑이가 무서워하는 덧셈 기호 +)

▪ 들어가면서

1. 친구하고 놀이를 할 때 힘을 합쳐 본 적이 있습니까? 어떤 점이 좋았는지 발표해 보세요.

2. 힘을 합쳐서 놀이를 할 때 어떤 구호를 외칩니까?

▪ 목표

두 개의 양을 더할 때 사용하는 기호를 알고 덧셈식을 이해할 수 있다.

▪ 준비물

교사 : 백지 수카드 30장(A$_4$ $\frac{1}{2}$ 크기)

학생 : 백지 수카드 30장(A$_4$ $\frac{1}{8}$ 크기)

▪ 내용

아이들은 일상생활에서 덧셈을 잘 한다. 이는 비형식적 지식이다. 이 비형식적 지식을 수학에서 수와 기호를 이용한 형식적 지식으로 변환하는 것을 아이들은 매우 어려워한다. 그 어려움을 해결해 주는 좋은 방법은 감각을 이용한 지각, 즉 보는 수학으로 바꿔 주고 또 수가 되어서 참여하는 수학으로 바꿔 주는 것이다.

드라마 상황 속에서 5 이하의 자연수를 가르기도 해 보고 모으기도 하면서 두 개의 수가 모여서 다른 하나의 자연수가 되는 것을 수학 지식, 즉 형식적 지식으로 바꾸는 학습활동을 한다. 물론 아이들도 일상생활에서는 경험을 많이 해 왔고 잘 해결하였다. 비형식적 지식에서는 잘했으나 문자로 표기된 덧셈식을 대할 때 갑자기 아이들은 당황하게 된다. 그 당황한 마음 때문에 아이들이 이해의 단계를 거치지 않고 그냥 외우기로 나가는 모습을 많이 보아 왔다. 이는 아이들의 잘못이 아니라 가르치는 사람들이 아이들과 눈높이를 같이 하지 못한 탓이다.

"

어린아이들은 '식'이라는 개념을 매우 어려워한다. 그러므로 식이라는 말을 섣불리 사용하지 말고 수학나라로 들어가서 이야기나 활동을 빌어 수학나라의 표현 방법을 익히게 하면, 자연스럽게 수학 식의 약속에 익숙해지면서 여러 가지 활동이 하나의 식으로 정리됨을 아이 스스로 느끼게 될 것이다. 그런 수학나라의 경험을 많이 한 후 나중에 수학나라의 표현을 덧셈식이라고 일러 주면 아이들은 정서적으로 두려워 하거나 거부하지 않고 편안한 가운데 수학을 좋아하고 자신감을 가지게 될 것이다. 아래에 전개되는 드라마 활동을 그대로 외워서 할 필요는 없다. 학급의 사정에 맞추 어 필요한 부분만을 재구성해서 학습활동을 전개하면 된다.

■ 연극 활동 1 소들이 힘을 합쳤어요

교사 대본 읽기

아이들 이야기를 들으며 아이들은 각자 마임으로 무언극을 한다. (무언극은 형식이 없다.
이야기를 들으며, 말은 하지 않고 내용을 상상하면서 몸짓으로 움직이기만 하면 된다.)

소 두 마리

누렁소 두 마리가 있었어요. 그중 한 마리는 혼자서 다니다가 호랑이에게 뿔을 다쳐서 뿔이 하나밖에 없어요. 그 후로 누렁소 두 마리는 언제나 함께 다녔어요. 호랑이는 또 소들을 잡아먹고 싶었어요. 그래서 날마다 기회만 엿보고 있었지요.

어느 날 호랑이가 덤벼들려고 하였어요. 그러자 소 두 마리는 한데 모였지요.

"우리 힘을 합칠까?"

"좋아!"

누렁소 두 마리는 함께 호랑이한테 뿔을 들이밀었어요.

그러자 호랑이는

"아이코, 아이코!"

하며 달아났어요.

교사 여러분, 호랑이 한 마리와 소 한 마리가 싸우면 누가 힘이 셀까요?

아이들 호랑이요.

교사 그렇지. 호랑이는 아주 힘이 센 동물이에요. 그래서 소 한 마리가 호랑이에게 다쳐서 뿔이 하나밖에 없잖아요. 소 두 마리가 같이 다니는데 호랑이가 나타났을 때, 두 마리가 어떻게 했나요?

아이들 (각자의 생각을 발표한다.)

교사 그래서 호랑이가 제일 무서워하는 암호가 있어요. 어떤 암호인지 보여 줄까요? 바로 ⊞ 이것이에요. '더하기'라고 해요. 호랑이는 바로 ⊞ 이 암호만 보면 무서워서 벌벌 떨면서 도망을 가지요.

■ 연극 활동 2 ⊞ 를 이용한 마임극
숫자 카드와 기호 카드

교사 위의 이야기를 가지고 모둠별로 나와서 마임극을 해 봅시다.

아이들 (모둠별로 역할을 맡아서 마임극하기)
　　　(호랑이가 나타나면 ⊞ 보여 주기 및 호랑이가 무서워서 도망가는 모습 나타내기)

교사 마임극을 아주 잘했어요. 그런데 여러분, 도대체 호랑이는 소의 뿔이 몇 개가 될 때 무서워서 도망을 갔을까요?

아이들 3개일 때 도망을 갔어요.

교사 한 마리의 소가 뿔 2개, 또 한 마리의 소는 뿔 1개씩을 갖고 호랑이에게 달려든 모습을 수학나라 말로 표현해 볼까요.

아이들 (아이들이 대표로 나와서 숫자 카드를 들고 선다.) ② ①

교사 뿔 2개, 또 뿔 1개라고 여러분이 이렇게 섰는데 합친다는 암호가 없네요. 호랑이가 가만히 있을까요? 한 마리를 빨리 잡아먹을 것 같은데요.

아이들 알았어요. ② ⊞ ①

교사 그런데 ② ⊞ ① 만 있으면 호랑이는 합해서 몇 개인지 잘 몰라요. 모두 합해서 몇 개가 된다고 말해 줘야 된답니다. 잠깐, 선생님이 새 노래를 하나 가르쳐 줄게요. (노래) ♪♬ 무엇이 무엇이 똑같은가? 왼쪽과 오른쪽이 똑같지요. = 등호라고 하지요.

아이들　(이 노래를 따라서 여러 번 부른다.)

교사　아주 잘 불렀어요. 이 기호 = 는 왼쪽에 있는 것과 오른쪽에 있는 것이 똑같다는
뜻이에요. 그러면 여러분이 + = 2 1 3 카드를 들고 나와서 한 번 서 볼
까요.

아이들　(카드를 들고 서 본다.)

2 + 1 = 3

교사　카드를 보면서 노래를 불러 볼까요?

아이들　무엇이 무엇이 똑같은가? 2 더하기 1은 3과 같다. (이 노래를 여러 번 부른다.)

▪활동 3-1　카드를 이용해서 알맞게 줄 서기

교사　기린 4마리와 여우 1마리가 같이 있으니까 호랑이가 도망을 갔어요. 수학나라 말을
들고 서 보세요.

아이들　(아이들이 알맞은 카드를 들고 맞게 줄을 선다.)

4 + 1 = 5

('무엇이 무엇이 똑같은가' 노래를 여러 번 부른다.)

(＊이런 상황의 이야기를 여러 번 하고 카드 들고 줄을 서 본다. 혼자 공부할 때는 카드만 놓
아 본다.)

▪활동 3-2　몸짓수 놀이

교사　여러분, 몸짓수 놀이로 한번 해 볼까요?
(선생님의 손가락을 보며 자기의 양손으로 자기의 허리를 친다. 처음은 선생님 손가락 두 개
를 보고 허리 치기. 두 번째는 선생님 손가락 세 개를 보고 허리 치기. 그 다음은 각자 처음
과 두 번째를 합쳐서 자기의 허리 치기.) 위의 활동을 수학나라 말로 표현해 볼까요?

아이들　2 + 3 = 5 로 줄을 서고 무엇이 무엇이 똑같은가? 노래를 부른다. 무
엇이 무엇이 똑같은가? 2 더하기 3은 5와 같다.

교사 교사 아주 잘했어요.

■ 활동 4 몸짓수 놀이

> **몸짓수 놀이**
>
> · 준비_교사용 식카드 , 아이 2명
>
> · 활동
>
> 1. 아이 2명이 나오면 교사는 준비한 식카드를 아이에게 보여 준다. $\boxed{2}\ \boxed{+}\ \boxed{3}$ 등.
>
> 2. 아이 1명이 허리춤 몸짓수 2를 한다. 이때 손바닥은 몸 안쪽을 향하도록 한다.
>
> 3. 다른 아이 1명이 역시 허리춤 몸짓수 3을 한다. (역시 손바닥은 몸 안쪽을 향하게 한다.)
>
> 4. 앉아 있는 아이들은 합해서 얼마인지 허리춤으로 표현한 다음 수학나라 말을 놓아도 좋다.
>
>   * 아이 2명이 나오지 않고 아이 혼자서 식을 보면서 허리춤 몸짓 2번과 3번을 한 후 5번이 되었다고 하면서
>   수학나라 말을 놓아도 좋다.

tip🔍

수나 기호가 쓰여진 카드를 들고 아이들이 서 보는 것은 매우 중요한 활동이다. 아이들은 이 카드를 들고, 어디에 서야 하는지 많은 생각을 하게 된다. 보는 아이들도 마찬가지이다. 그 사고의 결과로 정확하게 수학식에 맞게 자리에 선다면 아이들은 식이 의미하는 것을 분명하게 알게 되는 것이다. 대부분의 초등학교 아이들이 수학의 식을 아무런 생각 없이 기계적으로 받아들이는 경향이 많다. 초등학교 6학년이 되어도 등호 (=)가 의미하는 것을 잘 모르는 아이들이 교실에서 50% 이상을 차지하는 모습을 보고 교사들은 놀라고 답답해한다. 그만큼 아이들이 연산 활동을 사고 활동 없이 기계적으로 하고 있다는 것을 단적으로 나타내고 있는 것이다. 초등학교 1학년부터 수학나라에서는 어떤 상황을 수와 기호로 이렇게 나타낸다를 정확하게 보여 주고, 인식하는 활동을 확실하게 도와준다면 아이들이 수학에 대한 자신감도 갖고, 수학을 좋아하게 될 것이다. 연극 활동은 훌륭한 연극을 기대하는 것이 아니다. 연극을 좋아하는 것은 인간의 본능이다. 아이들이 연극을 못 하더라도 나와서 머뭇거리고 연극을 해 보려고 시도하는 모습만으로도 안 하는 것보다 좋은 것이다. 연극 활동이 어려울 때는 분단별로 호랑이, 소가 되어서 교사의 대사에 맞춰 함께 활동하는 것도 좋은 방법이 된다.

5. 빼기
(다람쥐를 울린 뺄셈 기호 −)

▪ 들어가면서

1. 나의 것을 남에게 줘 본 적이 있습니까? 발표해 보세요.

2. 수학나라에서는 남에게 주는 것을 어떻게 표현할까요?

▪ 목표

뺄셈 부호를 알고, 뺄셈식을 이해할 수 있다.

▪ 준비물

백지 수카드 30장(A$_4$ $\frac{1}{8}$ 크기)

▪ 내용

아이들은 비형식적 상황, 즉 일상생활에서는 뺄셈을 아주 잘한다. 다만 형식적인 수학에서 식으로 변환시키면 그 식을 잘 이해하지 못하는 모습을 많이 볼 수 있다. 즉 비형식적 지식이 문자로 표기된 수학 지식으로 변환되는 과정을 아이들은 매우 어려워한다.

그래서 감각을 통한 지각, 즉 보는 수학으로 바꾸고 아이들이 수가 되어 참여하는 수학으로 바꿔 주면서 이해를 돕는다. 수카드나 기호 카드를 가지고 직접 놓아 보거나 그 카드를 들고 알맞은 자리에 직접 서 보는 활동은 수학 식에 대한 이해를 한층 높여 줄 수 있다.

▪ 연극 활동 1 꾀 많은 여우가 다람쥐를 울렸어요

교사 대본 읽기

아이들 이야기를 들으며 각자 혼자서 마임으로 무언극을 한다. (무언극은 형식이 없다. 이

야기를 듣고, 내용을 상상하면서 말은 하지 않고 몸짓으로 내용에 따라 움직이기만 하면
된다.)

꾀 많은 여우

어두컴컴한 밤에 여우가 산책을 나갔다가 그만 사자의 꼬랑지를 밟았습니다. 화가 난
사자가 벌떡 일어나서 여우의 다리를 냅다 물었습니다. 절룩거리며 집으로 돌아온 여
우는 살아 돌아온 것만 해도 감사하다고 생각했습니다. 그런데 사자에게 다리를 물린
상처 때문에 동물들을 잡아먹으러 나갈 수 없게 되었습니다. 며칠을 굶으니 여우의 배
속에서는 꼬르륵 꼬르륵 배가 고프다고 난리가 났습니다. 주변을 둘러보니 긴 막대기
가 하나 보였습니다.
'옳지 저것이다.'
여우는 막대기에 불을 조금 붙여서 길게 옆으로 든 후 다람쥐네 집으로 밀어서 넣었습
니다. 그러고는 3개 하고 외쳤습니다. 갓 태어난 새끼를 돌보고 있는 다람쥐는 집에
불이 붙으면 아기 다람쥐가 불에 타 죽을 일이 걱정되어서 얼른 집에 있는 알밤 5개
가운데 3개를 나무 위에 얹어 주었습니다. 며칠 후 여우는 또 배가 고팠습니다. 막대
기에 불을 조금 붙여서 또 다람쥐네 집으로 넣으면서 4개 하고 외쳤습니다. 도토리가
5개밖에 없었지만 다람쥐는 하는 수 없어서 4개를 불이 붙은 막대기 위에 올려 주었습
니다. 꾀가 많은 여우는 몸이 불편한데도 굶어 죽지 않고 잘 살았습니다. 하지만 다람
쥐 엄마는 점점 몸이 야위어 갔습니다.

▪ **활동 2** 빼기의 수학나라 말은?

교사 여러분, 다람쥐는 무엇을 무서워하지요?

아이들 막대기요.

교사 그렇지요. 막대기를 무서워했어요. 막대기는 'ㅡ' 이렇게 생겼지요. 왜 무서워했을
까요?

아이들 (자기들의 생각을 발표한다.)

교사 여러분, 처음에 다람쥐가 알밤을 몇 개 갖고 있었나요? 수카드로 들어 보아요.

아이들 5개요. 5

교사 여우에게 몇 개를 주었지요?

아이들 3개요. 3

교사 그러면 다람쥐에게 몇 개가 남았을까요?

아이들 2개요. 2

교사 수카드를 들고 나와서 서 보세요.

아이들 (수카드를 들고 나와서 선다.)
  5 3 2

교사 여기에 무슨 기호가 필요할까요?

아이들 (각자의 생각을 발표한다.)

교사 다람쥐가 막대기에 실어서 주었으니 - , 그리고 5에서 3개를 뺀 것은 2개와 같으
  므로 같다는 기호 = , 이 기호와 앞의 수카드를 들고 알맞게 서 보세요.

아이들 (수카드를 들고 나와서 선다.)
  5 - 3 = 2

교사 참 잘했어요. 노래를 불러 볼까요?
  5 - 3 = 2
  (노래) ♪ ♬ 무엇이 무엇이 똑같은가? 5 빼기 3은 2와 같다. (여러 번 부르기)

교사 다람쥐가 두 번째로 여우한테 준 도토리를 수학나라 말로 놓아 보세요.

아이들 (수카드를 들고 나와서 선다.)
  5 - 4 = 1

교사 참 잘했어요. 노래를 불러 볼까요?
  5 - 4 = 1
  (노래) ♪ ♬ 무엇이 무엇이 똑같은가? 5 빼기 4는 1과 같다. (여러 번 부르기)

▪ **활동 3** 여우야, 뭐하니?

교사 여러분은 수 5 를 들고 있어요. 여러분이 선생님에게 '여우야, 여우야, 뭐하니?'
  라고 물으세요.

아이들 여우야, 여우야 뭐하니?

교사 배고프다. 빵을 2개 주렴.

아이들 2개를 주고 3개 남았다.

교사 수학나라 말로 표현하세요.

아이들 $\boxed{5}$ $\boxed{-}$ $\boxed{2}$ $\boxed{=}$ $\boxed{3}$

(*교사가 수를 바꾸어 가면서 이 놀이를 반복한다.)

■ 활동 4 몸짓수 놀이

몸짓수 놀이 1

· 준비_교사용 수카드, 백지 수카드 20장($\frac{1}{8}$ A$_4$ 용지)

· 활동

1. 교사가 수카드 $\boxed{5}$ 를 먼저 보여 준다.

2. 아이들은 5의 몸짓수 허리를 5번 두드린다. 이때 손바닥은 몸 안쪽을 향하도록 한다.

3. 그다음에 교사가 수카드 $\boxed{3}$ 을 보여 주며 '빼기 3' 한다.

4. 아이들은 허리 3번을 손바닥이 몸 밖을 향하게 친다.

5. 5개에서 3개가 나가서 남은 것이 얼마인지 다시 몸짓을 한다. (손바닥 두 번은 몸 안쪽을 향하게 친다.)

6. 그리고 수학나라 말을 놓아 본다.

몸짓수 놀이 2

· 준비_백지 수카드 20장($\frac{1}{8}$ A$_4$ 용지)

· 활동

1. 아이 2명이 대표로 나온다.

2. 아이 1명이 허리춤 몸짓수를 한다. 이때 손바닥은 몸 안쪽을 향하도록 한다.

3. 다른 아이 1명이 역시 허리춤 몸짓수를 한다. 이때 손바닥은 몸 밖을 향하도록 한다.

4. 앉아 있는 아이들은 차가 얼마인지 알아맞히고 수학나라 말을 놓아도 좋다.

5. 교사가 미리 문제를 만들어서 대표 아이에게 보여 주는 것도 좋은 방법이다.

6. 50까지의 수
(십진수 드라마 : '열 개'는 수학나라 말이 없어요)

▪ 들어가면서

 1. 9개보다 1개 많은 양은 얼마인가? '열', 즉 '10'을 나타내는 수는 어느 숫자에서 왔을까?

 2. '10'은 숫자가 몇 개인가?

▪ 목표

 '10'이 어떻게 만들어졌는지, 왜 만들어졌는지 이해할 수 있다.

▪ 준비물

 분홍, 파랑 색카드($\frac{1}{2}$ 크기) 10장 정도, 백지 수카드 30장(A$_4$ $\frac{1}{8}$ 크기)

▪ 내용

 우리 수학에서는 아라비아 수, 즉 십진수를 사용하고 있다. 1학년 아이들에게 십진수라는 용어는 사용하지 않더라도 십진수의 개념을 이해시키면서 공부하는 것이 바람직한 방법이라고 생각한다. 십진수의 확실한 개념을 위해서 자리 수에 따라서 색깔을 달리하는 카드를 보여 줌으로써 자리 수에 대한 이해를 높이고, 또 색깔로 자리 수를 쉽게 알게 할 수 있다.

 자신들이 직접 수가 되어서 들어가고 나오고 하는 가운데 십진수의 체계를 확실하게 이해할 수 있게 된다.

▪ 활동 1 분홍색 네모 풍선을 세어 봐요

 교사는 활동을 안내하고 아이들은 분홍색 풍선을 갖고 교사의 안내에 따라 활동한다.

 준비 : 아이들은 분홍색 카드 1장을 네모 풍선으로 상상하게 한다. (분홍색 도화지 $\frac{1}{2}$ 크기)

교사 분홍 네모 풍선 5개 나와 보세요.

아이들 (무작위로 5명이 분홍색 카드를 들고 나와서 얼굴을 가리고 차례대로 줄을 선다.)

교사 다시 분홍 네모 풍선 일곱 개가 있어요.

아이들 (무작위로 7명이 분홍색 카드를 들고 나와서 얼굴을 가리고 차례대로 줄을 선다.)

교사 다시 분홍 네모 풍선 아홉 개가 떠 있어요.

아이들 (무작위로 9명이 분홍색 카드를 들고 나와서 얼굴을 가리고 차례대로 줄을 선다.)

(*각 활동을 한 후에는 아이들은 각자 자리로 들어간다. 혼자 공부할 때는 $\frac{1}{16}$ 분홍 도화지 카드를 놓아 본다.)

▪ **활동 2** 분홍색 네모 풍선 10개는 어디에 살까?

교사는 활동을 안내하고 아이들은 분홍색 풍선을 갖고 교사의 안내에 따라 활동한다.
준비 : 아이들은 분홍색 카드 1장과 수학나라 말 $\boxed{0} \sim \boxed{9}$ 를 책상 왼쪽 맨 위에 놓는다. 교사는 파랑색 카드를 1장 준비한다.

교사 분홍 네모 풍선 한 명이 나와서 서 봐요. 이 한 명에 해당하는 수학나라 말을 들어 주세요. 어떻게 읽어요?

아이들 (한 명이 분홍색 카드를 들고 나와서 서면 앉아 있는 아이들은 '일' 하면서 $\boxed{1}$ 을 높이 들어서 책상 오른쪽 맨 위에 둔다.)

교사 분홍 네모 풍선 한 명이 더 나와서 서 봐요. 몇 명이 되었어요? 해당하는 수학나라 말을 들어 주세요. 어떻게 읽어요?

아이들 (분홍색 카드를 들고 나와서 서면 앉아 있는 아이들은 '이' 하면서 $\boxed{2}$ 를 높이 들어서 책상 오른쪽 맨 위에 둔다.)

교사 분홍 네모 풍선 한 명이 더 나와서 서 봐요. 몇 명이 되었어요? 해당하는 수학나라 말을 들어 주세요. 어떻게 읽어요?

아이들 (분홍색 카드를 들고 나와서 서면 앉아 있는 아이들은 '삼' 하면서 $\boxed{3}$ 을 높이 들어서 책상 오른쪽 맨 위에 둔다.)

교사 분홍 네모 풍선 한 명이 더 나와서 서 봐요. 몇 명이 되었어요? 해당하는 수학나라 말을 들어 주세요. 어떻게 읽어요?

아이들 (분홍색 카드를 들고 나와서 서면 앉아 있는 아이들은 '사' 하면서 4 를 높이 들어서 책
        상 오른쪽 맨 위에 둔다.)

교사 분홍 네모 풍선 한 명이 더 나와서 서 봐요. 몇 명이 되었어요? 해당하는 수학나라
       말을 들어 주세요. 어떻게 읽어요?

아이들 (분홍색 카드를 들고 나와서 서면 앉아 있는 아이들은 '오' 하면서 5 를 높이 들어서 책
        상 오른쪽 맨 위에 둔다.)

교사 분홍 네모 풍선이 모두 사라졌어요. 해당하는 수학나라 말을 들어 주세요. 어떻게
       읽어요?

아이들 (서 있는 아이들은 모두 그 자리에 앉고 분홍색 카드를 바닥에 내린다. 앉아 있는 아이들
        은 '영' 하면서 0 을 높이 들어서 책상 오른쪽 맨 위에 둔다.)

교사 사라진 사람은 모두 일어서요. 그리고 분홍 네모 풍선 한 명이 더 나와서 서 봐요.
       몇 명이 되었어요? 해당하는 수학나라 말을 들어 주세요. 어떻게 읽어요?

아이들 (분홍색 카드를 들고 나와서 서면 앉아 있는 아이들은 '육' 하면서 6 을 높이 들어서 책
        상 오른쪽 맨 위에 둔다.)

교사 분홍 네모 풍선 한 명이 더 나와서 서 봐요. 몇 명이 되었어요? 해당하는 수학나라
       말을 들어 주세요. 어떻게 읽어요?

아이들 (분홍색 카드를 들고 나와서 서면 앉아 있는 아이들은 '칠' 하면서 7 을 높이 들어서 책
        상 오른쪽 맨 위에 둔다.)

교사 분홍 네모 풍선 한 명이 더 나와서 서 봐요. 몇 명이 되었어요? 해당하는 수학나라
       말을 들어 주세요. 어떻게 읽어요?

아이들 (분홍색 카드를 들고 나와서 서면 앉아 있는 아이들은 '팔' 하면서 8 을 높이 들어서 책
        상 오른쪽 맨 위에 둔다.)

교사 분홍 네모 풍선 한 명이 더 나와서 서 봐요. 몇 명이 되었어요? 해당하는 수학나라
       말을 들어 주세요. 어떻게 읽어요?

아이들 (분홍색 카드를 들고 나와서 서면 앉아 있는 아이들은 '구' 하면서 9 를 높이 들어서 책
        상 오른쪽 맨 위에 둔다.)

교사 분홍 네모 풍선 한 명이 더 나와서 서 봐요. 몇 명이 되었어요? 해당하는 수학나라
       말을 들어 주세요. 어떻게 읽어요?

아이들 (분홍색 카드를 들고 나와서 서면 앉아 있는 아이들은 '십' 하면서 수학나라 카드를 찾는
다. 그런데 '10'에 해당하는 수학나라 카드는 없어서 어리둥절해 한다.)

교사 여러분, '십'의 수학나라 말이 없어서 어리둥절해하고 있네요. 그리고 풍선이 열
개가 되니까 풍선들이 터질 것 같아 보이지요? 분홍색이 한 명이 더 들어와서 좁아
졌어요. '내 풍선 터지겠어. 내 몸 터지겠어. 열 개가 되니 너무 힘들어. 우리 이사
갔으면 좋겠어' 이런 소리가 들려요. 여러분이 다시 말해 봐요.

아이들 내 풍선 터지겠어. 내 몸 터지겠어. 열 개가 되니 너무 힘들어. 우리 이사 갔으면
좋겠어요.

교사 또 이런 소리가 들리네요. '열 개한테 줄 수학나라 말이 없잖아. 어떡해요, 선생
님. 열 개는 수학나라 말도 없어요. 그리고 우리들 몸이 터질 것 같아요. 아홉 개
까지는 수학나라 말이 있는데 열 개는 수학나라 말도 없고 너무 힘들어 곧 터지겠
어요.' 여러분 다시 말해 볼까요. (아이들이 어려워하면 이 말을 몇 번에 나누어서 해도
좋다.)

아이들 열 개한테 줄 수학나라 말이 없잖아. 어떡해요 선생님, 열 개는 수학나라 말도 없
어요. 그리고 우리들 몸이 터질 것 같아요. 아홉 개 까지는 수학나라 말이 있었는
데 열 개는 수학나라 말도 없고 너무 힘들어 곧 터지겠어요.

교사 알았어요. 아무래도 여러분 몸이 터지겠어요. 여기 파랑 풍선 집으로 이사를 와요.
열 개 모두 오세요. 어때요, 괜찮지요? 파랑 풍선 집으로 들어갈 때는 '쏘옥' 소리
를 내면서 들어가 보아요. (이때 파랑 풍선은 새로운 아이가 든다.)

아이들 (분홍 네모 풍선을 든 아이들이 한 명씩 차례대로 파랑 네모 풍선 속으로 들어가면서 '쏘
옥' 소리를 내고는 자리 자리로 돌아가서 앉는다.)

교사 여러분이 또 이런 말을 하네요. '우리 몸이 파랑 풍선 속에 '쏘옥' 다 들어가네. 그리
고 아주 편해. 우리 분홍 풍선 열 개랑 파랑 풍선 한 개랑 같네. 이사 오길 잘 했어.
이사를 안 왔으면 아마 우린 터져서 죽었을 거야.' 다시 말해 보아요.

아이들 우리 몸이 파랑 풍선 속에 쏙 다 들어가네. 그리고 아주 편해. 우리 분홍 풍선 열
개랑 파랑 풍선 한 개랑 같네. 이사 오길 잘 했어. 이사를 안 왔으면 아마 우린 터
져서 죽었을 거야.

교사 그런데 여러분, 분홍 풍선 열 개는 파랑 풍선 한 개 속으로 쏙 들어와서 파랑 풍선

1개가 되었는데 파랑 풍선에게 수학나라 이름을 뭐라고 불러야 할까요?

아이들 (생각을 하고 발표를 한다.)

교사 여러분, 분홍 풍선 열 개를 나타낼 수학나라 말이 없어서 파랑 풍선 한 개가 됩니다. 그러니 수학나라 말로 파랑 풍선 자리 '1'이라고 해야겠지요. 분홍 풍선은 한 개도 없으니 분홍 풍선 자리는 '0' 합쳐서 '10'이라고 하고 '십'이라고 읽으면 되겠네요.

(백지 카드에 수를 써 본다 : 10)

분홍 10개가 모였다. 분홍 10개는 각각 파랑에 '쏘옥' 소리 내며 들어간 후 자기 자리로 돌아간다.

■	■ 9+1
1 파랑 한 개	0 분홍 없음
■ 10개는 ■ 1개가 됨	■ 9개에서 1개가 들어와서 10개가 되고 10개는 모두 ■ 속으로 들어가고 지금은 분홍 풍선이 없다.

교사 분홍 풍선 열 개는 수학나라 말도 없고, 또 좁아서 터질 것 같다고 해서 파랑 풍선으로 이사를 보냈어요. 여러분, 앞으로 열 개가 되면 빨리 이사를 보내요. 그렇게 하지 않으면 풍선들이 터져서 죽게 돼요. 여러분, 이렇게 말해 볼까요. '열 개가 되면 꼭 이사를 보낼게요.'

아이들 열 개가 되면 꼭 이사를 보낼게요.

44

- **활동 3** 파랑 풍선과 분홍 풍선이 줄을 섰어요

  수카드 들고, 십 몇 등을 확인하고 몸짓수 놀이 하기

교사 여러분, 풍선 열한 개가 나와서 줄을 서 보아요. (열둘, 열셋, … 열아홉까지 모두 서 보고, 알맞은 수도 들어 본다. 그리고 열아홉에서 스무 개가 되면 열 개의 풍선이 터지려고 해서 파랑 풍선 집으로 이사를 보내는 활동이다. 이 활동을 여러 번 한다.)

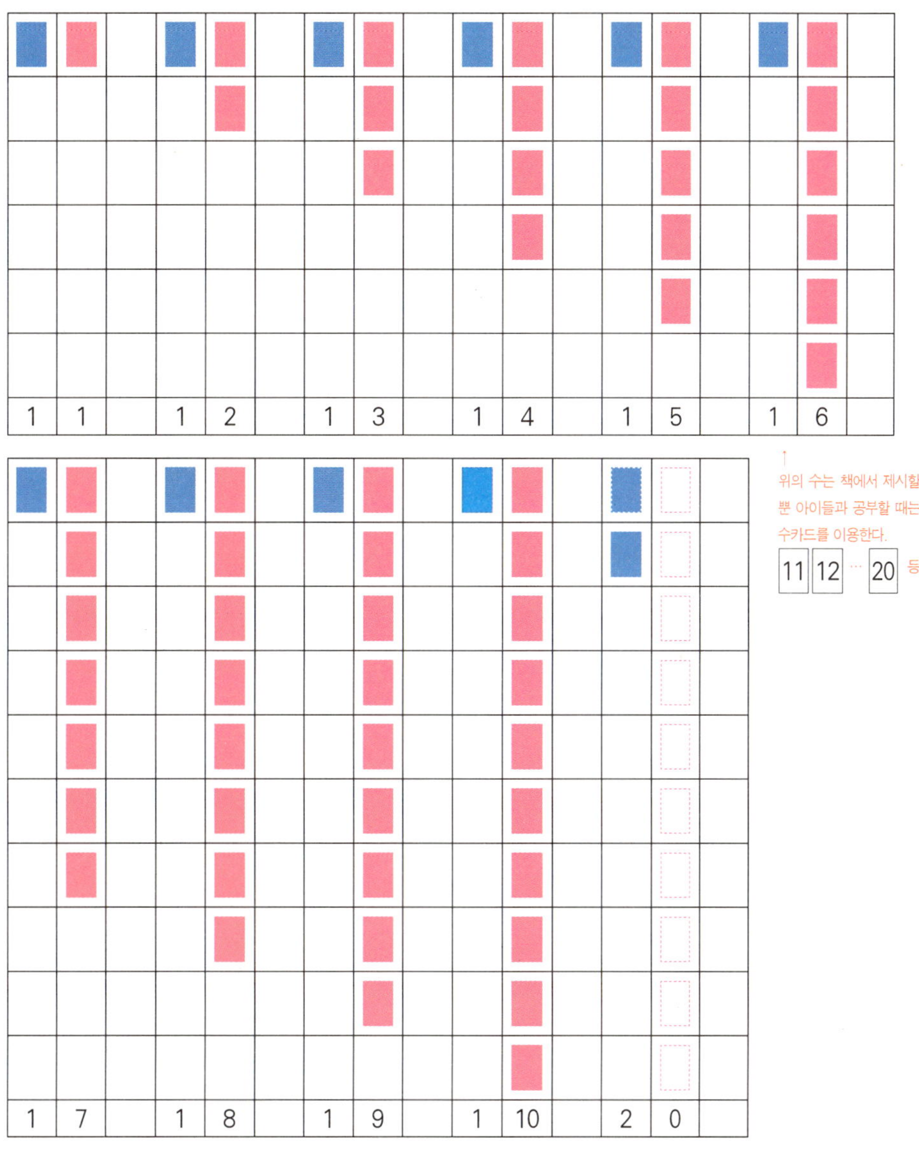

(23, 25, 32, 37, 39 등 50 미만의 모든 수에 대해서 색카드를 들고 서 보고, 또 수카드도 써 보며 수를 익히도록 한다. 또 수의 크고 작음도 모두 색카드로 서 보면서 다 할 수 있다.)

교사 여러분, 저 집에 네모 풍선이 마흔아홉 개가 있는데 한 개가 더 들어왔다고 하네요. 어떻게 해 줘야 할까요?

(이 상황을 아이들이 직접 분홍과 파랑 네모 풍선을 들고 해 보면 좋다.)

아이들 (각자의 생각을 발표한다. '49에서 1이 많아지면 50이 됩니다' 등)

■ 활동 4 몸짓수 놀이

교사 몸짓수 놀이를 해 보아요.

몸짓수 놀이 교사가 수를 불러 주면 아이들은 몸짓으로 수를 표현한다.

· 준비_교사용 수카드

· 활동

1. 일의 자리는 허리 치기, 십의 자리는 양팔을 반으로 접은 채 양쪽 가슴에 붙이기(팔춤)로 약속한다.

2. 교사가 12 하면 십의 자리 1번, 일의 자리 2번 몸짓한다.

3. 교사가 제시하는 수에 따라 몸짓을 하면 된다.

4. 25, 37 등 큰 수도 한다.

5. 19를 하다가 19보다 1개가 더 많다 했을 때는 허리 10번을 치면서 다시 팔춤 1개로 올려 주는 활동을 한다.

6. 유사한 활동을 계속해서 한다.

7. 아이가 나와서 몸짓수를 하고 친구들이 알아맞히기도 하고 짝끼리 해도 좋다.

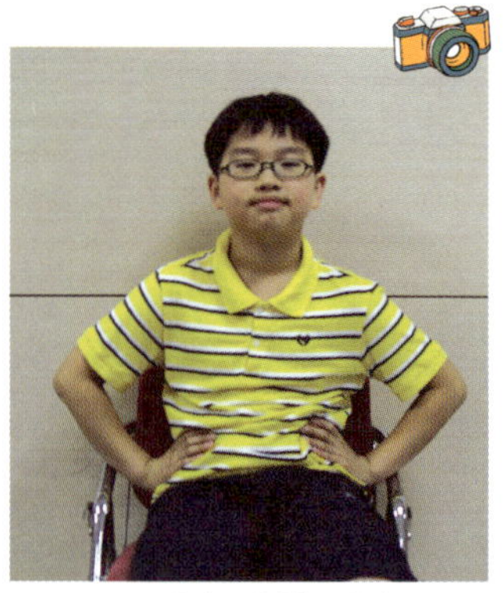

1~9 까지는 허리춤을 춘다.

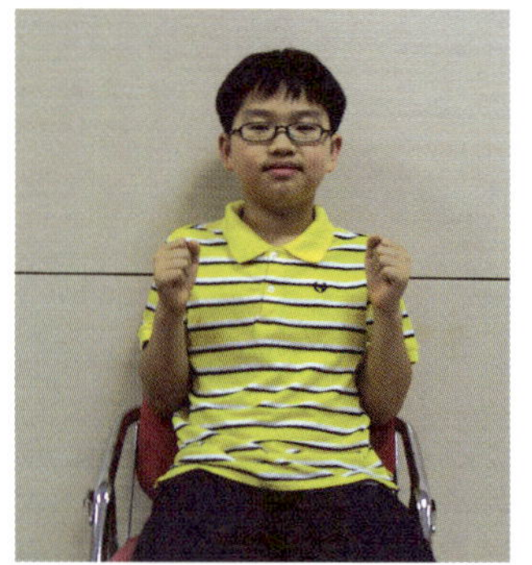

'10' 이 되면 팔춤이 된다.

tip

열 개가 되면 한 자리 수에서 두 자리 수로 자리가 바뀐다는 것을 1학년 아이들이 이해하기란 쉽지 않다. '10'이란 수를 쓰기는 해도 그 '10'에 대해서 완전히 이해하고 쓰는 아이들은 드물다. '10'이란 수가 되는 과정을 숫자 카드와 분홍 카드, 파랑 카드를 이용해서 자세히 눈으로 보고 또 직접 수가 되어서 나와서 해 보는 가운데 아이들은 열을 왜 '10'으로 표현하는지 확실하게 알게 된다. 이제 구체적 조작기에 들어간 1학년 아이들에게 추상의 수를 바로 알려 주면 이해를 못 하는 것은 너무도 당연하다. 이해를 못 한 가운데 기계적 수동적으로 수학 공부를 한 아이들이 수학을 싫어하게 되는 것이다. 직접 몸으로 체험하고 색깔의 변화를 통한 그 과정을 자세히 확인하면 자신이 수가 된 느낌을 갖고 수학이 자기 몸에 착 달라붙어서 수학과같이 친근하게 생활하는 느낌을 아이들은 갖게 된다. 무엇보다 큰 소득은 눈으로 볼 수 없던 추상의 형식적 수학이 아이들 앞에 구체적 수학으로 놀이하는 수학으로 훤히 보이게 되고, 수학을 만질 수 있게 되는 것이다

7. 100까지의 수
(색카드는 정말 쉬워)

▪ 들어가면서

1. 자기 '자리'를 제대로 지키지 못할 때 어떤 일이 일어날까? (예:남자, 여자가 줄을 따로 설 때 남자가 여자 자리에 들어가면 어떻게 될까?)

2. '11'에서 앞에 있는 1의 줄을 택할 것인가? 뒤에 있는 1의 줄을 택할 것인가? 그 이유는?

▪ 목표

'100'이 어떤 수인지 색카드로 놓아 보고 설명할 수 있다.

▪ 준비물

교사 : 분홍, 파랑, 녹색 색카드($\frac{1}{2}$ 크기) 각 10장 정도, 백지 수카드(A$_4$ $\frac{1}{2}$ 크기)

학생 : 분홍, 파랑, 녹색 색카드($\frac{1}{16}$ 크기) 각 10장 정도, 백지 수카드 30장(A$_4$ $\frac{1}{8}$ 크기)

▪ 내용

1학기에 이어서 50 이상의 자연수부터 99까지의 자연수에 대한 학습 내용이며, 100의 수도 알아보게 된다. 역시 분홍과 파랑 네모 풍선을 들고 나와서 줄을 서서 활동하며 수를 눈으로 직접 보게 되고, 또한 자신이 수가 되어서 파랑 줄, 혹은 분홍 줄에 서 보면서 수에 대해서 체득하게 된다. '아이 엠 그라운드 1 큰 수 말하기', '몸짓수 놀이' 같은 놀이를 통해서 수가 체득되도록 하는 것도 좋은 방법이다.

▪ 활동 1   파랑 네모 풍선과 분홍 네모 풍선을 들고 줄을 서 보기 (50~59까지)

교사는 활동을 안내하고 아이들은 파랑과 분홍색 풍선을 갖고 교사의 안내에 따라 활동한다. (개별 학습일 때는 색카드를 놓아 보면서 하도록 한다.)

교사　'50'을 네모 풍선이 나와서 줄을 서 표현해 보세요. 앉아 있는 아이들은 수카드를
　　　놓아 보세요.

아이들　('50'을 네모 풍선으로 표현하기 : 파랑색 5명이 서고 분홍색은 없다.) 수카드 [50]

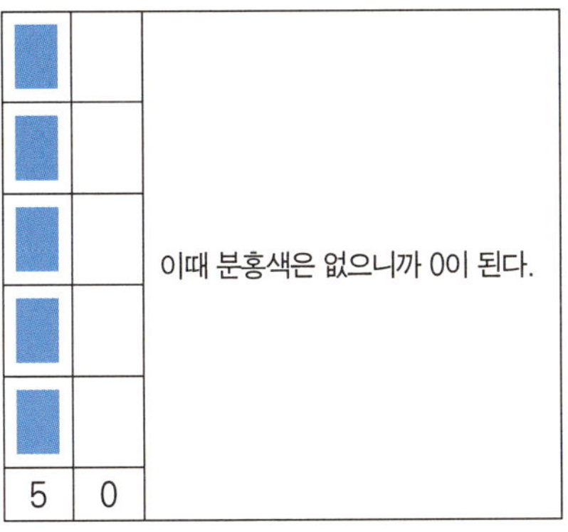

이 숫자는 책에서 표시할 뿐 아이들과 공부할 때에는 쓸 필요는 없다.

교사　'59'를 네모 풍선이 나와서 줄을 서 나타내 보세요. 수카드를 놓아 보세요.

아이들　('59'를 네모 풍선으로 표현하기 : 파랑색 5명이 서고 분홍색은 9명이 선다.) 수카드 [59]

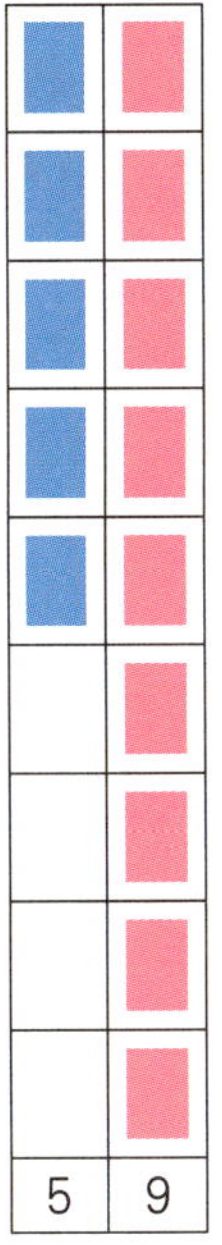

(＊50~59까지의 수를 모두 서 보고, 수카드도 제시한다.)

■ **활동 2** 60~99까지의 수를 색카드를 들고 서 보고, 수카드를 제시한다.

교사는 활동을 안내하고 아이들은 파랑과 분홍색 풍선을 갖고 교사의 안내에 따라 활동한다. (개별 학습일 때는 색카드를 놓아 보면서 하도록 한다.)

교사 '59'에서 분홍 네모 풍선 한 명이 더 나와서 줄을 서 보세요. 수카드를 놓아 보세요.

아이들 (분홍 풍선 9개에서 1개가 더 나와 10이 된다. 파랑 네모 풍선이 나오면서 분홍 네모 풍선은 파랑 네모 풍선 속으로 '쏘옥' 부딪치면서 자기 자기로 돌아간다. 물론 분홍 네모 풍선 열 개 는 '터져서 죽겠다, 이사를 보내 주세요' 등 여러 가지 소리를 내는 활동을 한다.) 수카드 60

교사 '75' 나와서 줄을 서 보세요. 그리고 '82'도 나와서 줄을 서 보세요. 이번에는 '89'가 나와서 줄을 서 보세요. '89'에서 한 개가 더 나와서 서 보세요. ('90'으로 변하는 과정을 자세히 살펴본다. '99'도 해 본다.)

아이들 (아이들이 색카드를 들고 나와서 해 본다.)

교사는 활동을 안내한다. 아이들은 파랑과 분홍색 풍선을 갖고 교사의 안내에 따라 활동한다. 아이1은 아이 1명이 역할을 한다. 99개의 풍선은 줄을 서 있는다. (개별 학습일 때는 색카드를 놓아 보면서 하도록 한다.)

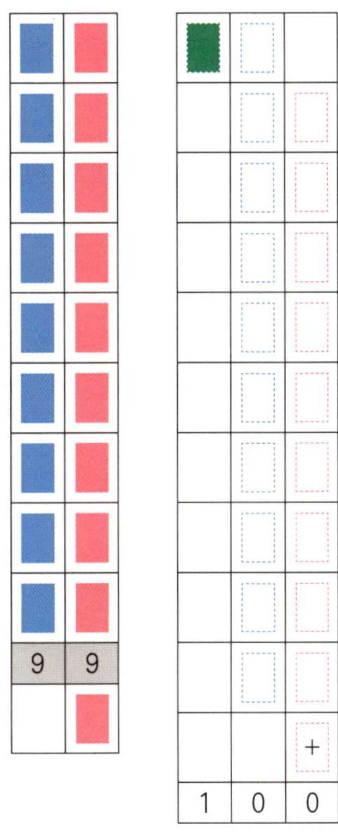

	9 + 1	9 + 1
1	0	0
🟩 1개	🟦 이 된 1개와 원래의 9개가 합쳐서 🟦 10개가 되고 이들은 모두 🟩 속으로 들어가고 없다.	🟥 9개에서 1개가 들어와서 10개가 되고 10개는 모두 🟦 속으로 들어가고 지금은 분홍 풍선이 없다.

교사 99개가 나와서 줄을 서 보고 수카드를 놓아 보세요. 99

아이1 선생님, 저도 수학나라에 가고 싶어요.

교사 그래요. 같이 가요. 가서 줄을 서세요.

아이1 (분홍 풍선을 들고 분홍 줄에 가서 줄을 선다.)

교사 여러분, 뭐라고요? 분홍 풍선이 터지려고 한다고요? 숨이 막힌다고요? 답답하다고요? 여러분, 다시 한 번 말해 볼까요.

분홍 풍선들 선생님, 풍선이 터지려고 해요. 숨이 막혀요. 답답해요. 이사 가고 싶어요.

교사 몇 명인데 그러죠? 분홍 풍선들, 빨리 세어 볼까요.

분홍 풍선들 하나, 둘, 셋, 넷, 다섯, 여섯, 일곱, 여덟, 아홉, 열. 선생님, 열 명입니다. 맞아요. 아까 아홉 개에서 한 명이 왔으니 열 명이지요.

교사　열 명이 되어서 터지려고 하네요. 빨리 이사를 보내야겠어요. 여기 파랑 네모 풍선이 하나 있어요. (아이 한 명이 파랑 카드를 들고 파랑 줄에 선다.) 이 속으로 들어오세요.

분홍 풍선들　(차례대로 파랑 풍선 속으로 '쏘옥' 소리 내면서 들어가는 흉내를 내고는 자기 자리로 돌아간다.)

교사　파랑 풍선들아, 또 왜 이러지요? 답답하다고요? 터질 것 같다고요? 숨이 막힌다고요? 다시 한 번 큰 소리로 말해 봐요.

파랑 풍선들　답답해요. 터질 것 같아요. 숨이 막혀요. 이사 보내 주세요.

교사　도대체 몇 명인데 그러지요? 파랑 풍선들, 빨리 세어 보아요.

파랑 풍선들　하나, 둘, 셋, 넷, 다섯, 여섯, 일곱, 여덟, 아홉, 열. 선생님, 열 명입니다. 맞아요. 아까 아홉 개에서 조금 전 한 명이 들어왔으니 열 명이지요.

교사　열 명이 되어서 터지려고 하는군요. 빨리 이사를 보내야겠어요. 그런데 어쩌지요? 이사 갈 집이 없는데……. 좋아요. 선생님이 녹색 네모 풍선 집을 마련할게요. 파랑 풍선들은 모두 녹색 풍선 속으로 들어오세요. (아이 한 명이 녹색 카드를 들고 나와서 선다.)

파랑 풍선들　(차례대로 녹색 풍선 속으로 '쏘옥' 소리 내면서 들어가는 흉내를 내고는 자기 자리로 돌아간다.)

교사　처음 출발할 때는 99개였는데 아이 1이 들어오는 바람에 파랑과 분홍 모두가 녹색 풍선 1개 속으로 들어왔네요. 이것을 우리는 백 개라고 해요. 백 개를 수학나라 말로는 어떻게 표현할까요? 백 개는 녹색 1개, 파랑 0개, 분홍 0개, 그래서 수학나라 말로 100개라고 써야 돼요. 수카드에 써 볼까요. 100 여러분, 파랑 풍선도 10개가 되면 터지려고 하니까 꼭 이사를 보내야 돼요. 어떤 집으로 이사를 보낼까요?

아이들　녹색 풍선 속으로 보냅니다.

■ 활동 4 큰 수와 작은 수

  색카드를 들고 활동하기

교사 65 나와서 서 보세요.

아이들 (색카드를 들고 나와서 선다.)

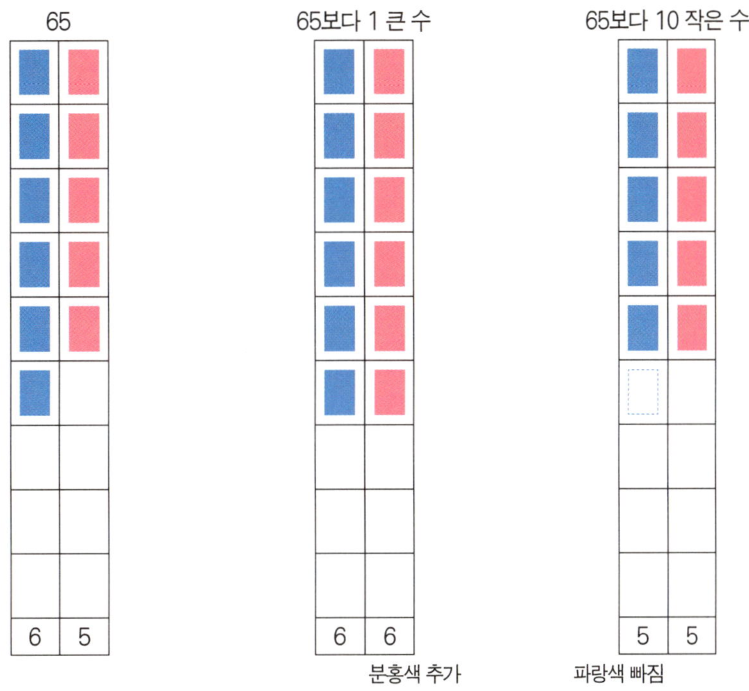

(*수의 변화를 주며 위의 활동을 많이 해 본다.)

■ 활동 5 41과 14를 구별하기

  색카드를 들고 활동하기

교사 41과 14는 같은 것인가요?

아이들 (각자의 생각을 발표한다.)

교사 네모 풍선으로 비교해서 알아봅시다.

아이들 (자기들의 생각을 발표한다.)

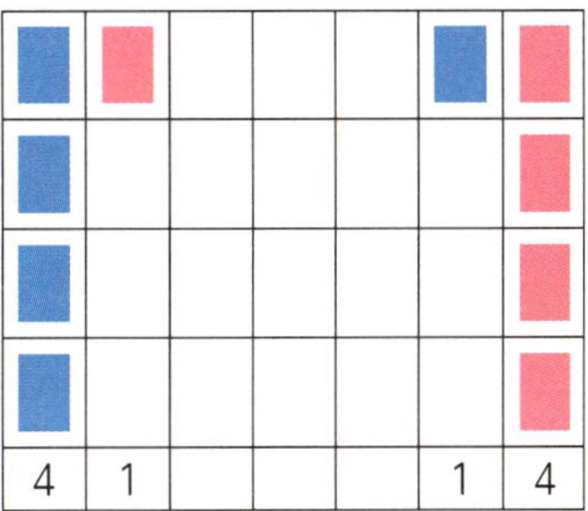

■ 활동 6 놀이로 체득하기

아이 엠 그라운드 1 큰 수 부르기 (혹은 1 작은 수 부르기)

· 준비_원형, 혹은 강의식 형태

· 활동

1. 전체적으로 '아이 엠 그라운드 1 큰 수 말하기' 하면서 교사가 먼저 '53' 한다.
2. 도미노 순서로 돌아가면서 '아이 엠 그라운드' 박자에 맞추어서 알맞은 수를 부른다. 한 사람이 54, 그다음 사람이 55⋯⋯.)
3. 중간에 교사가 수를 달리 부를 수 있고, 혹은 1 작은 수로 바꿔서 놀이를 할 수도 있다.
4. 위와 같은 형식으로 하면서 10 큰 수, 10 작은 수 놀이를 한다.

몸짓수 놀이 교사가 수카드로 수를 보이면 약속한 몸 부위를 두드리기

· 준비_교사용 수카드

· 활동

1. 약속하기 : 허리춤 – 일의 자리, 팔춤 – 십의 자리
2. 교사가 수카드로 수를 보인다.(예:53)
3. 아이들은 그 수만큼 양손으로 팔춤을 5번 추고 또 허리를 3번 친다. (이때 손바닥은 몸 안쪽을 향한다.)
4. 특히 59, 69, 등을 치다가 1을 더하면 어떻게 될까? 질문하면서 허리 10개가 되면 팔춤으로 올라가는 것을 연습하도록 한다.
5. 교사가 제시하는 수에 따라 팔춤과 허리로 활동한다.
6. 아이가 나와서 몸짓수를 보이면 친구들이 알아맞히기를 하고, 짝끼리 해도 좋다.

tip🔍

만약에 학급 인원수가 모자랄 경우엔 자기 자리로 들어간 분홍색들이 다시 파랑색으로 돌아와서 활동해도 된다. 이미 아이들은 열 개가 될 때 그 자리에 있지 못하고, 다른 곳으로 이사가는 것을 알기 때문이다. 아이들이 색카드를 들고 움직일 때 분단별로 색을 통일해 주는 것도 질서 유지를 위한 방법이 된다.

8. 10을 가르기와 모으기
(10을 가지고 놀기)

▪ 들어가면서

  1. '10'개가 되는 것을 발표하기

  2. 몸에서 10개를 발견해 보기

▪ 목표

두 개의 수를 합해서 '10'을 만들 수 있다.

▪ 준비물

학생용 백지 수카드 30장(A$_4$ $\frac{1}{8}$크기)

▪ 내용

받아올림과 받아내림의 덧셈, 뺄셈을 위한 기본 활동이 '10' 가르기와 모으기를 하는 활동이다. 1학년에서 '10'의 보수 구하는 것이 거의 자동화가 되도록 많은 놀이를 통해서 체득하게 하는 것이 중요하다. 문제 풀이로 가르치게 되면 수학을 지루하게 생각하기 쉬우므로 몸을 움직이거나 재미있는 놀이로 '10'의 보수 구하기를 체득하도록 한다.

앉기와 서기

· 준비_각자 숫자 카드 0에서 9까지 준비, 숫자 카드 5는 2장 준비

· 활동

1. 10명이 나와서 형식 없이 편하게 선다.

2. 교사가 하나, 둘, 셋(아이들이 함께 외쳐도 좋다) 하면 나온 10명은 그 자리에 앉거나 혹은 서기를 한다. (하나, 둘, 셋이 아니고 하나, 둘, 호랑이, 등 다른 구호로 약속해도 좋다.)

3. 앉은 사람 수와 선 사람 수의 숫자 카드를 든다.

4. 놀이를 여러 번 한다.

엎드리기와 눕기

· 준비_각자 숫자 카드 0에서 9까지 준비, 숫자 카드 5는 2장 준비

· 활동

1. 10명이 나와서 앉아 있는다.
2. 교사가 하나, 둘, 셋 (아이들이 함께 해도 좋다.) 하면 앉아 있는 10명은 그 자리에서 엎드리거나 바로 눕기를 한다.
3. 엎드린 사람 수와 누운 사람 수의 숫자 카드를 든다.
4. 놀이를 여러 번 한다.

인간 볼링 놀이

· 준비_각자 숫자 카드 0에서 9까지 준비, 숫자 카드 5는 2장 준비

· 활동

1. 아이들 10명이 나와서 볼링 핀이 되어 볼링 핀 모양으로 서고, 교사는 볼링을 하는 사람이 된다.
2. 교사가 하나, 둘, 셋 (아이들이 함께 외쳐도 좋다.) 하면서 볼링 공을 던지는 흉내를 낸다.
3. 볼링 핀 10명은 그 자리에서 쓰러지든지 아니면 서 있든지 한다.
4. 선 사람 수의 숫자 카드를 들고, 쓰러진 사람 수의 숫자 카드를 든다.
5. 놀이를 여러 번 한다.

상어 놀이

· 준비_각자 숫자 카드 0에서 9까지 준비

· 활동

1. 교사(상어)가 0에서 9까지의 숫자 중 하나를 들고 "두두두두" 하면서 아이들에게 나아간다. (교사 아닌 아이들도 상어를 할 수 있다.)
2. 아이들은 상어가 든 수의 보수 숫자 카드를 빨리 든다.
3. 늦게 들면 상어한테 잡아먹힌다.
4. 놀이를 여러 번 한다.

종이 공 던지기 놀이

· 준비_종이 공(종이를 뭉쳐서 만든 공)

· 활동

1. 종이 공을 만들어 짝하고 종이 공을 던지면서 놀이한다.

2. 가위바위보로 먼저 말할 사람을 정한다.

3. 1번이 종이 공을 건네면서 '3' 하면 종이 공을 받는 사람이 '7' 하면서 다시 종이 공을 건네다. 또 '4' 하면 상대방은 '6' 하면서 종이 공을 건네고 받는다.

4. 놀이를 여러 번 한다.

몸짓수 놀이 몸짓을 합하여 '10' 만들기

· 활동

1. 교사가 먼저 허리춤을 3번 추면 아이들은 7번 춘다.

2. 계속해서 교사가 5번, 2번, 1번, 8번 등 여러 가지 변화를 주면서 허리춤을 추고 아이들은 합해서 10이 되게 허리를 친다.

3. 아이가 나와서 대표로 해도 좋고, 짝 활동으로 짝과 같이 해 본다.

수카드 들기 두 개의 수카드를 합쳐서 '10' 을 만들기

· 준비_각자 숫자 카드 0에서 10까지 준비

· 활동

1. 교사가 먼저 수카드 1개를 들면 아이들은 '10' 이 될 수 있는 다른 수카드를 든다.

2. 아이가 나와서 대표로 해도 좋고, 짝 활동으로 짝과 같이 해 본다.

9. 받아올림이 없는
2위수 더하기 2위수 (색카드로 줄 서기)

- **들어가면서**

  1. '1' 과 '10' 에서 앞의 '1' 과 뒤의 '1' 의 다른 점은 무엇인가?
  2. 분홍 카드와 파랑 카드 중에서 어느 것을 갖고 싶어요? 그 이유를 말해 보세요.

- **목표**

  받아올림이 없는 2위수 더하기 2위수의 계산 방법을 이해하고 계산할 수 있다.

- **준비물**

  교사 : 분홍, 파랑 색카드($\frac{1}{2}$ 크기) 각 10장 정도, 숫자 카드(A_4 $\frac{1}{2}$ 크기)

  학생 : 분홍, 파랑 색카드($\frac{1}{16}$ 크기) 각 10장 정도, 백지 수카드 30장(A_4 $\frac{1}{8}$ 용지)

- **내용**

  2위수 더하기 2위수의 제재를 네모 풍선으로 서서, 눈으로 확인하고 몸으로 체득하면서 확실하게 덧셈을 이해하게 한다. 네모 풍선으로 서 본 과정을 가로셈과 세로셈으로 나타내면서 덧셈식의 이해를 돕는다.

- **활동 1** 풍선들의 줄 서기(몇 십과 몇의 합)

  교사는 이끔이가 되고 아이들의 반은 파랑 네모 풍선이 되고, 반은 분홍 네모 풍선이 되어 활동한다. (개인 학습 : 혼자서 색카드를 놓는다.)

  교사 파랑 네모 풍선 1개, 나와서 줄을 서세요.

  파랑 풍선 (파랑 네모 풍선 1개가 나와서 선다.)

  교사 분홍 네모 풍선 5개, 나와서 줄을 서세요.

  분홍 풍선 (분홍 네모 풍선 5개가 나와서 선다.)

교사 풍선 여러분, 호랑이가 옵니다. 빨리 풍선을 합치고 호랑이에게 수학나라 말을 보여 주세요.

풍선들 

교사 풍선 여러분, 그것을 기린이 볼 수 있게 세로셈으로 표현해 볼까요?

(교사도 세로셈 식을 칠판에 써서 확인한다.)

$$\begin{array}{r} 1\,0 \\ +\ \ 5 \\ \hline 1\,5 \end{array}$$

교사 풍선 여러분, 줄을 설 때에 어떻게 섰지요?

풍선들 색깔이 같은 풍선끼리 같은 줄에 섰어요.

교사 파랑 풍선 1개와 분홍 풍선 5개를 더해서 6이라고 쓰고 싶은데…….

풍선들 안 돼요. 왜냐하면……. (여러가지 이유를 들어 말한다.)

교사 여러분 정말 똑똑하네요. 잘 배웠어요. 고마워요.

■ 활동 2 몸짓수 놀이

> 몸짓수 놀이 몸짓으로 덧셈하기
>
> · 준비_수카드
>
> · 활동
>
> 1. 교사가 수카드 10 을 먼저 보여 준다.
>
> 2. 아이들은 10의 몸짓수(팔춤)를 한 번 표현한다. 이때 손바닥은 몸 안쪽을 향하도록 한다.
>
> 3. 그다음에 수카드 5 를 보여 주며 '더하기 5'라고 한다.

4. 아이들은 허리 5번을 친다.

5. 합해서 쳐 본다. 그리고 수학나라 말로 놓아 본다. 10 + 5 = 15

6. 이와 유사한 놀이를 많이 해 본다.

교사 그러면 내가 문제를 낼 테니까 여러분은 색 풍선을 들면서 줄을 서 보고 세로셈까
지도 써 보세요.

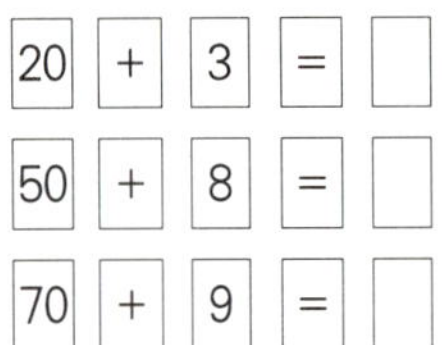

■ 활동 3 풍선 가족이 많아요(몇십 몇과 몇의 합)

교사는 이끔이가 되고 아이들의 반은 파랑 네모 풍선이 되고, 반은 분홍 네모 풍선
이 되어 활동한다. (개인 학습 : 혼자서 색카드를 놓는다.)

교사 파랑 풍선 2개와 분홍 풍선 2개가 나와서 줄을 서세요.

풍선들 (나와서 줄을 선다.)

교사 이번에는 분홍 풍선 6개가 나와서 알맞게 줄을 서세요.

교사 풍선 여러분, 호랑이가 옵니다. 기호를 이용해서 힘을 합친 모습을 수학나라 말로
보여 주세요.

풍선들 알았어요.

22 + 6 = 28

교사 기린이 볼 수 있게 세로셈으로 해 보세요.

$$
\begin{array}{r}
2\ 2 \\
+\quad 6 \\
\hline
2\ 8
\end{array}
$$

교사 분홍색이 파랑색 줄에 가서 서면 안 되나요?

풍선들 안 돼요. 왜냐하면……. (여러가지 이유를 들어 말한다.)

교사 그러면 내가 문제를 낼 테니까 여러분이 색 풍선을 들면서 줄을 서 보고 세로셈까

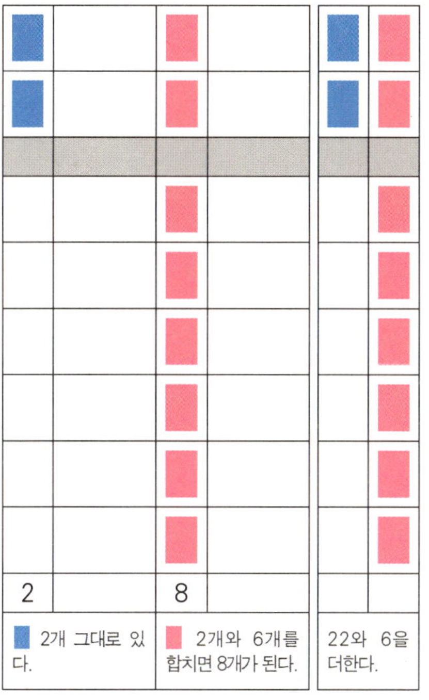

					2	8

■ 2개 그대로 있다.	■ 2개와 6개를 합치면 8개가 된다.	22와 6을 더한다.

지도 써 보세요.

풍선들 (네모 풍선을 들고 나와서 잘 해결한다.)

32 + 3 = ☐   45 + 4 = ☐   74 + 3 = ☐

▪ 활동 4 몸짓수 놀이

몸짓수 놀이 몸짓으로 덧셈하기

· 준비_수카드

· 활동

1. 교사가 수학나라 말 32 + 3 을 보여 준다.

2. 아이들은 몸짓수(팔춤)를 3번 표현한다. 이때 손바닥은 몸 안쪽을 향하도록 한다.

3. 그리고 허리춤 2번, 또 허리춤 3번을 춘다. 이때 손바닥은 몸 안쪽을 향하도록 한다.

4. 아이들은 '35' 라고 외친다.

5. 이와 유사한 놀이를 많이 해 본다.

6. 아이 2명이 나와서 1명은 '32' 의 몸짓을 다른 1명은 '3' 의 몸짓을 하면 아이들은 두 수의 합을 말해도 된다.

교사는 이끔이가 되고 아이들의 반은 파랑 네모 풍선이 되고, 반은 분홍 네모 풍선이 되어 활동한다.

교사 파랑 풍선 3개와 분홍 풍선 5개가 나와서 줄을 서세요.

풍선들 (나와서 줄을 선다.)

교사 이번에는 파랑 풍선 4개와 분홍 풍선 2개가 나와서 알맞게 줄을 서세요.

교사 여러분, 호랑이가 옵니다. 기호를 이용해서 힘을 합친 모습을 수학나라 말로 보여주세요.

풍선들 좋아요.

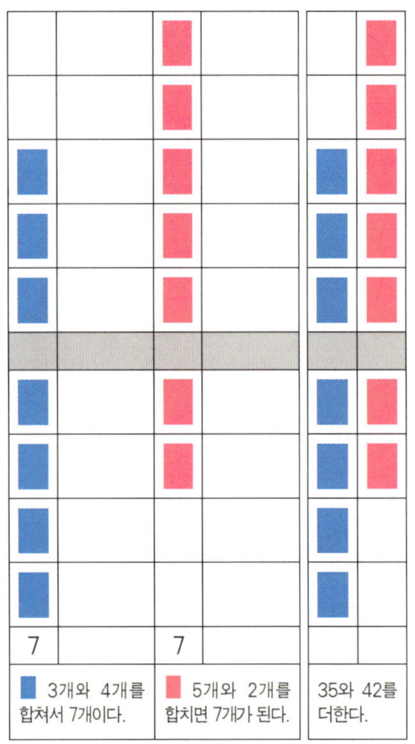

교사 이들을 모두 구하는 수학나라 말은 무엇인가요?

$$35 + 42 = 77$$

교사 기린이 볼 수 있게 세로셈으로 표현하면 어떤가요.

$$\begin{array}{r} 3\ 5 \\ +\quad 4\ 2 \\ \hline 7\ 7 \end{array}$$

교사 문제를 낼 테니까 네모 풍선을 들고 나와서 줄을 서 보고 세로셈으로 해결해 보세요.

풍선들 (네모 풍선을 들고 나와서 잘 해결한다.)

| 35 | + | 43 | = | | | 45 | + | 42 | = | | | 74 | + | 23 | = | |

■ 활동 6 몸짓수 놀이

> **몸짓수 놀이** 몸짓으로 덧셈하기
>
> · 준비_수카드
>
> · 활동
>
> 1. 교사가 수학나라 말 | 35 | + | 43 | 을 보여 준다.
>
> 2. 허리춤 5번, 또 허리춤 3번을 춘다. 이때 손바닥은 몸 안쪽을 향하도록 한다.
>
> 3. 아이들은 팔춤을 3번, 그리고 팔춤 또 4번을 한다. 이때 손바닥은 몸 안쪽을 향하도록 한다.
>
> 4. 아이들은 '78' 이라고 외친다.
>
> 5. 이와 유사한 놀이를 많이 해 본다.
>
> 6. 아이 두 명이 나와서 각자의 수를 몸짓으로 표현하고 앉아 있는 아이들은 합한 수를 말하기
>   도 한다.

교사 덧셈을 하면서 생각한 것이나 느낌을 몸으로 표현하고 발표해 보세요.

아이들 (각자 몸으로 표현하고 도미노 순서로 발표한다.)

tip 
덧셈 때 아이들이 카드를 들고 서는 모습을
나타낸다. 덧셈을 할 때 아이들은 마주 보며
같은 색깔은 같은 줄에 선다.

12+23을 할 때 아이들이 서는 모습

10. 받아내림이 없는 2위수 빼기 2위수 (색카드로 빼기)

■ 들어가면서

1. 내 것을 남에게 줄 때 수학나라에서는 어떤 기호를 사용할까?

2. 왼쪽에는 사과 1상자, 오른쪽에는 사과 1개가 있다. 어느 쪽을 갖고 싶은가? 그 이유는?

■ 목표

2위수의 뺄셈 계산 방법을 이해할 수 있다.

■ 준비물

교사 : 분홍, 파랑 색카드($\frac{1}{2}$ 크기) 각 10장 정도, 백지 카드 30장(A₄ $\frac{1}{2}$크기)

학생 : 분홍, 파랑 색카드($\frac{1}{16}$ 크기) 각 10장 정도, 백지 카드 30장(A₄ $\frac{1}{8}$ 크기)

■ 내용

2위수 빼기 2위수 계산 과정을 아이들이 네모 풍선을 들고 서서 해 보는 가운데 눈으로 확인하고, 몸으로 체득하면서 뺄셈을 이해하게 한다. 네모 풍선을 들고 서서 활동한 과정을 가로셈과 세로셈으로 나타내면서 뺄셈식의 이해를 돕는다.

■ **활동 1** 풍선들이 여우에게 주기(몇 십 몇과 몇의 차)

교사는 이끔이가 되고 아이들의 반은 파랑 네모 풍선이 되고, 반은 분홍 네모 풍선이 되어 활동한다.

교사　파랑 네모 풍선 1개와 분홍 네모 풍선 7개가 나와서 줄을 서세요.

풍선들　(알맞게 나와서 줄을 선다.)

교사　여우가 막대기를 내밀어서 5개를 달라고 해요.

교사 여러분, 풍선이 몇 개 남았나요? 수학나라 말로 표현해 주세요.

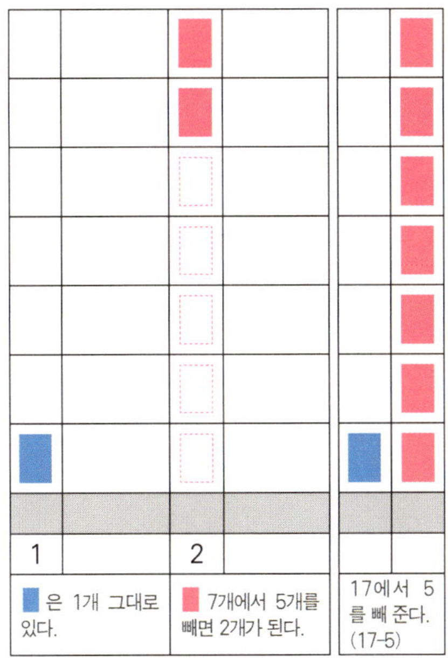

교사 여러분, 기린이 볼 수 있게 세로셈으로 표현해 볼까요?

$$\begin{array}{r} 1\ 7 \\ -\quad\ 5 \\ \hline 1\ 2 \end{array}$$

아이들 (아이들이 나와서 세로셈을 설명한다. 교사도 분홍 풍선끼리 빼 준 것을 확인시킨다.)

교사 내가 문제를 낼 테니까 풍선들이 나와서 몸으로 해 보고 여러분이 가로셈과 세로셈

으로 해결해 보세요.

46 − 5 = ☐

57 − 2 = ☐

85 − 5 = ☐

$$\begin{array}{r} 4\ 6 \\ -\quad\ 5 \\ \hline 4\ 1 \end{array}$$

■ 활동 2 몸짓수 놀이

몸짓수 놀이 1

· 준비_교사용 수카드, ─ =

· 활동

1. 교사가 수카드 85 를 먼저 보여 준다.
2. 아이들은 80의 몸짓수 팔춤을 8번 춘다. 이때 주먹 쥔 손은 몸 안쪽을 향하도록 한다. 그리고 5의 허리춤을 5번 친다. 이때 손바닥은 몸 안쪽을 향하도록 한다.
3. 그다음에 교사가 수카드 3 을 보여 주며 '빼기 3' 한다.
4. 아이들은 허리춤 3번을 손바닥이 몸 밖을 향하게 친다.
5. 얼마가 남았는지 몸짓을 해 본다.
6. 그리고 수학나라 말을 놓아 본다. 85 ─ 3 = 82

몸짓수 놀이 2

· 준비_교사용 수카드

· 활동

1. 아이 2명이 대표로 나온다.
2. 아이 1명이 팔춤 8번과 허리춤 5번의 몸짓수를 한다. 이때 팔춤에서 주먹 쥔 손은 몸 안쪽을 향하도록 한다.
3. 다른 아이 1명이 역시 허리춤 3번의 몸짓수를 한다. 이때 주먹 쥔 손바닥은 몸 밖을 향하도록 손등으로 허리를 친다.
4. 앉아 있는 아이들은 차가 얼마인지 알아맞히고 수학나라 말을 놓는다.
5. 교사가 미리 문제를 만들어서 대표 아이에게 보여 주는 것이 좋은 방법이다.

■ 활동 3 풍선들이 여우에게 주기(몇 십 몇과 몇 십 몇의 차)

교사는 이끔이가 되고 아이들의 반은 파랑 네모 풍선이 되고, 반은 분홍 네모 풍선이 되어 활동한다.

교사 파랑 네모 풍선 2개와 분홍 네모 풍선 8개가 나와서 줄을 서세요.

  (알맞게 나와서 줄을 선다.)

교사 여우가 막대기를 내밀면서 파랑 풍선 1개, 분홍 풍선 6개를 달라고 말했어요.

  (파랑 풍선 1개와 분홍 풍선 6개가 자기 의자로 돌아간다.)

교사 여러분, 풍선이 몇 개 남았나요? 수학나라 말로 표현해 주세요.

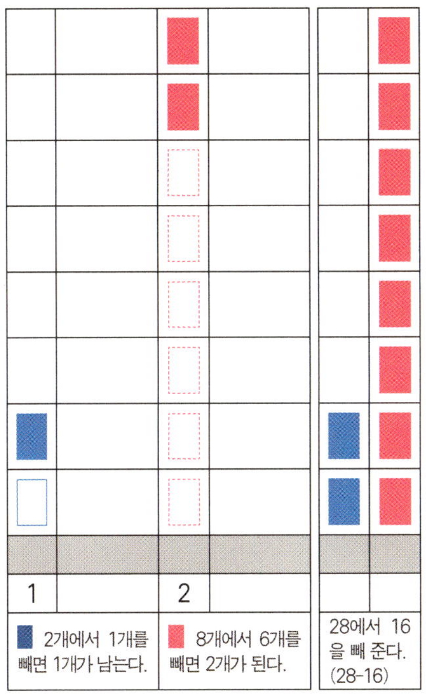

교사 여러분, 기린이 볼 수 있게 세로셈으로 표현해 볼까요?

$$\begin{array}{r} 2\,8 \\ -\ 1\,6 \\ \hline 1\,2 \end{array}$$

아이들 (아이들이 나와서 세로셈을 설명한다. 교사도 분홍은 분홍끼리, 파랑은 파랑끼리 빼 준 것
을 확인시킨다.)

교사 내가 문제를 낼 테니까 여러분이 풍선이 되어서 나와서 해 보고, 가로셈과 세로셈
으로 해결해 보세요.

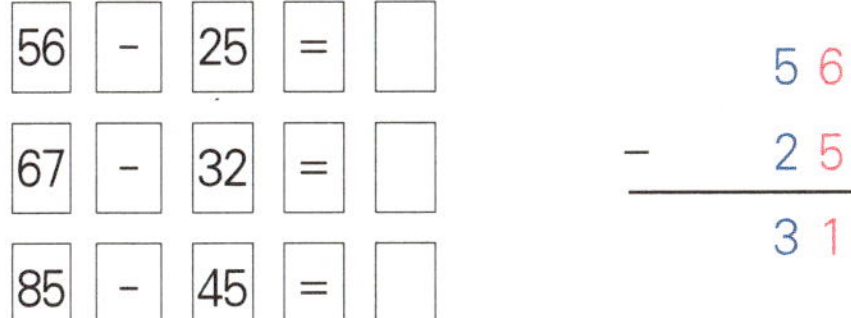

$$\begin{array}{r} 5\,6 \\ -\ 2\,5 \\ \hline 3\,1 \end{array}$$

■ 활동 4 몸짓수 놀이

몸짓수 놀이 1

· 준비_식카드

· 활동

1. 교사가 뺄셈식 $\boxed{56 - 25}$ 를 보여 준다.

2. 아이들은 6의 몸짓수 허리춤을 6번 춘다. 이때 손바닥은 몸 안쪽을 향하도록 한다. 그리고 5의 몸짓 허리춤 5번을 추면서 손바닥은 몸 밖을 향해 친다.

3. 다음에 팔춤 5번을 안으로 향하게 치고, 다시 팔춤 2번을 밖으로 향하게 친다.

4. 얼마가 남았는지 몸짓을 해 본다.

5. 그리고 수학나라 말을 놓아 본다. $\boxed{56}$ $\boxed{-}$ $\boxed{25}$ $\boxed{=}$ $\boxed{31}$

몸짓수 놀이 2

· 준비_식카드

· 활동

1. 교사가 대표로 나온 아이 2명에게 뺄셈식 $\boxed{56 - 25}$ 를 보여 준다.

2. 아이 1명이 56의 몸짓, 팔춤과 허리춤을 안으로 향하게 몸짓을 한다.

3. 다른 아이 1명은 25의 몸짓, 팔춤 2번과 허리춤 5번의 몸짓을 밖으로 향하게 춘다.

4. 앉아 있는 아이들은 차가 얼마인지 알아맞히고 수학나라 말을 놓아 본다.

$\boxed{56}$ $\boxed{-}$ $\boxed{25}$ $\boxed{=}$ $\boxed{31}$

* 교사가 대표로 나온 아이들에게 문제를 보여 주고 하는 것이 좋다.

tip

몸짓수 뺄셈은 1명이 표현해도 좋고, 2명이 표현해도 좋다. 다만 허리춤이 일의 자리, 팔춤이 십의 자리인 것을 확실히 하고, 손이 밖으로 향할 때는 빼는 몸짓이고, 손이 안으로 향할 때는 더하는 몸짓인 것을 약속하면 된다.

11. 두 수의 합이 10이 넘을 때
(10으로 먼저 합체)

▪ **들어가면서**

12는 파랑색 몇 개와 분홍색 몇 개로 이루어졌나? (15, 16, 17 등도 해 본다.)

▪ **목표**

'10'이 넘는 두 수의 덧셈을 하는 방법을 이해하고 계산할 수 있다.

▪ **준비물**

교사 : 분홍, 파랑 색카드($\frac{1}{2}$ 크기) 각 10장 정도, 백지 수카드(A$_4$ $\frac{1}{2}$ 크기)

학생 : 분홍, 파랑 색카드($\frac{1}{16}$ 크기) 각 10장 정도, 백지 수카드 30장(A$_4$ $\frac{1}{8}$ 크기)

▪ **내용**

두 수를 더해서 10이 넘는 것을 수학 식으로 설명한 제재이다. 두 수를 더한 합이 10이 넘는 것을 아이들은 머릿속에서는 계산을 잘한다. 그러나 이 과정을 식으로 설명을 하면 오히려 어렵게 생각하고 있다. 비형식적 지식은 우수하나 그것을 형식화된 수학의 지식으로 만드는 것을 아이들이 어려워하고 있는 것이다. 식의 과정을 몸으로 체험하고, 눈으로 볼 수 있도록 도와주는 것이 형식 수학으로 만들어 가는 지름길이 된다. 두 수 중에서 한 개의 수를 '10'으로 만들어 주는 과정을 잘 이해하게 도와야 한다. 또 몸짓수 놀이도 해 보면서 식에 대한 이해를 잘하게 도와주도록 한다.

▪ **활동 1** '10'을 가지고 놀기

교사 상어 놀이를 해 봅시다.

상어 놀이 10의 보수 놀이

· 준비_교사, 학생 숫자 카드 0에서 9까지 준비

· 활동

1. 교사(상어)가 0에서 9까지의 숫자 중 하나를 들고 "두두두두" 하면서 아이들에게 나아간다. (교사 아닌 아이들도 상어를 할 수 있다.)
2. 아이들은 상어가 든 수의 보수 숫자 카드를 빨리 든다.
3. 늦게 든 아이가 상어한테 잡아먹힌다.
4. 놀이를 여러 번 한다.

■ **활동 2** 7을 10으로 만들어라

교사 분홍 네모 풍선 7개, 나와서 줄을 서세요.

분홍 풍선 (분홍 네모 풍선 7개가 나와서 줄을 선다.)

교사 분홍 네모 풍선 5개, 나와서 줄을 서세요.

분홍 풍선 (분홍 네모 풍선 5개가 나와서 줄을 선다.)

교사 풍선 여러분, 호랑이가 옵니다. 빨리 풍선을 합쳐서 호랑이에게 수학나라 말을 보여 주세요.

풍선들 (71쪽의 그림과 같이 활동한다.)

교사 풍선 7개에 몇 개가 가서 합쳤나요?

풍선들 ('풍선 3개가 가서 합쳤어요' 등 발표하기)

교사 왜 3개가 가서 합쳤나요?

풍선들 ('그래야만 10개를 만들 수 있어요' 등 발표하기)

교사 10개를 만들고 남은 것은 몇 개인가요?

풍선들 ('2개가 남았습니다' 등 발표하기)

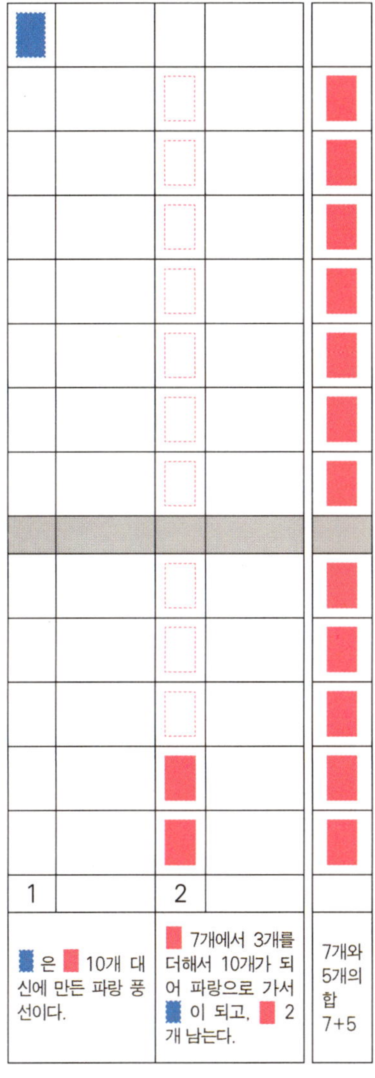

 여러분이 활동한 모습을 수학나라 말로 호랑이에게 보여 줄게요.

(*호랑이는 덧셈 때문에 소를 못 잡아먹어서 덧셈을 제일 무서워한다. 이야기는 32쪽에 있음)

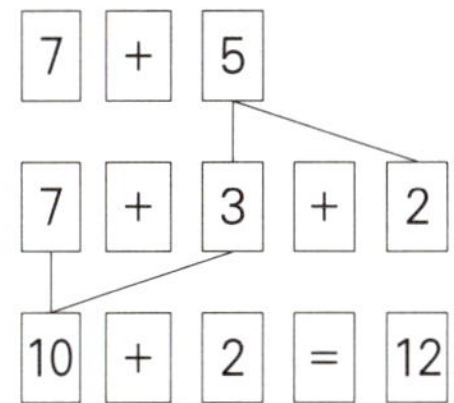

 호랑이가 무서워 도망을 갑니다. (이 활동을 여러 번 해 보는 것이 중요하다.)

■ 활동 3 몸짓수 놀이

몸짓수 놀이 1

· 준비_ 식카드

· 활동

1. 교사가 식카드 $\boxed{7 + 5}$ 를 보여 준다.

2. 아이들은 손바닥을 안으로 향한 채 허리춤을 7번 춘다.

3. 아이들은 허리 3번을 더 친 후 팔춤으로 1번 올려 보내고, 다시 허리 2번을 친다. (올려 보내는 몸짓을 하면서 '짠' 소리를 낸다.)

4. 이때 수학나라 말로 놓아 보아도 좋으나 어려워하면 몸짓수만 계속한다.

5. 계속 수를 바꿔 가며 놀이한다. (수 18을 넘지 않도록 한다.)

몸짓수 놀이 2

· 준비_ 식카드

· 활동

1. 아이 2명이 대표로 나온다.

2. 교사가 미리 문제를 보여 준다. $\boxed{7 + 5}$

3. 아이1이 허리춤을 7번 한다.

4. 아이2가 허리춤을 3번 하면서 아이1에게 올려 보내는 손짓을 하면서 '짠' 하면 아이1은 팔춤을 1번 춘다.

5. 다시 아이2가 나머지 2번 허리춤 몸짓을 한다.

6. 앉아 있는 아이들은 얼마인지 맞히고 수학나라 말을 놓아 본다.

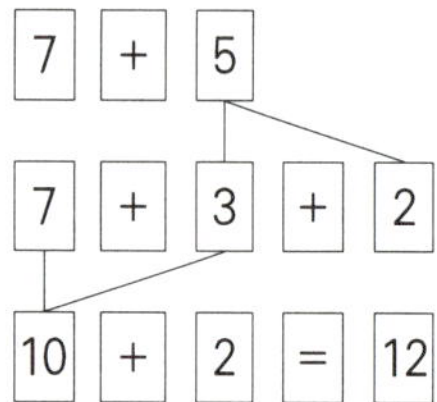

 5를 10으로 만들어라

교사 분홍 풍선 5개가 시무룩하네요. 7이 10을 만들어서 속상하군요. 이번에는 분홍 풍선 5가 10을 만들어 보아요.

분홍 풍선 (분홍 네모 풍선 5개가 나와서 줄을 선다.)

교사 분홍 네모 풍선 7개, 나와서 줄을 서세요.

분홍 풍선 (분홍 네모 풍선 7개가 나와서 줄을 선다.)

교사 풍선 여러분, 호랑이가 옵니다. 빨리 풍선을 합쳐서 호랑이에게 수학나라 말을 보여 주세요. 이번에는 분홍 풍선 5개를 먼저 10으로 만들어 보세요.

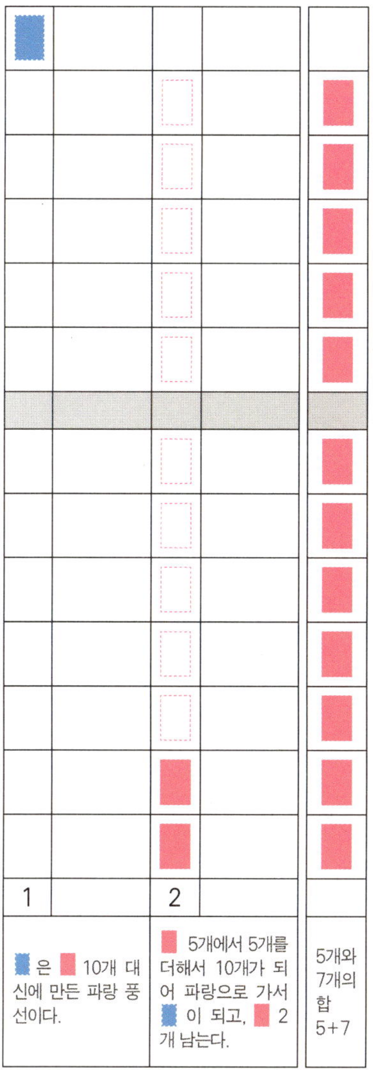

73

교사   분홍 풍선 5개에 몇 개가 가서 합쳤니?

풍선들   ('분홍 풍선 5개가 가서 합쳤어요' 등 발표하기)

교사   왜 5개가 가서 합쳤나요?

풍선들   ('그래야만 10개를 만들 수 있어요' 등 발표하기)

교사   10개를 만들고 남은 것은 몇 개인가요?

풍선들   ('2개 남았어요' 등 발표하기)

교사   여러분이 활동한 모습을 수학나라 말로 호랑이에게 보여 줄까요.

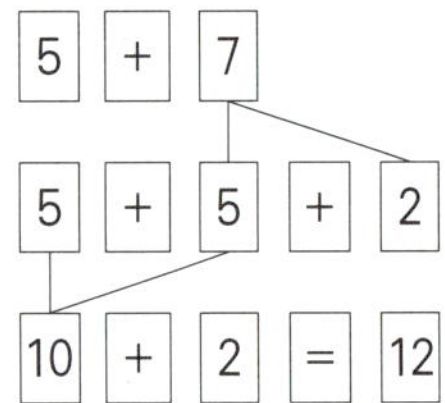

$$5 + 7$$
$$5 + 5 + 2$$
$$10 + 2 = 12$$

교사   호랑이가 무서워 도망을 갑니다. (이 활동을 여러 번 해 보는 것이 중요하다.)

■ **활동 5** 몸짓수 놀이.

몸짓수 놀이 1

· 준비 _ 식카드

· 활동

1. 교사가 식카드 `5 + 7` 을 보여 준다.

2. 아이들은 손바닥을 안으로 향한 채 허리춤을 5번 춘다.

3. 아이들은 허리춤 5번을 더 춘 후 팔춤으로 올려 보내면 팔춤 1번을 춘다. 다시 허리 2번을
   춘다. (올려 보내는 몸짓을 하면서 '짠' 소리를 낸다.)

4. 이때 수학나라 말로 놓아 보아도 좋으나 어려워하면 몸짓수만 계속한다.

5. 계속 수를 바꿔 가며 놀이한다. (수 18을 넘지 않도록 한다.)

· 준비_식카드

· 활동

1. 아이 2명이 대표로 나온다.

2. 교사가 미리 문제를 보여 준다. 5 + 7

3. 아이1이 허리춤 5번을 춘다.

4. 아이2가 허리춤 5번을 추면서 아이1에게 올려 보내는 손짓을 하면서 '짠' 소리를 내면 아이1은 팔춤을 1번 춘다.

5. 아이2가 나머지 2번 허리춤을 춘다.

6. 앉아 있는 아이들은 얼마인지 맞히고 수학나라 말을 놓아 본다.

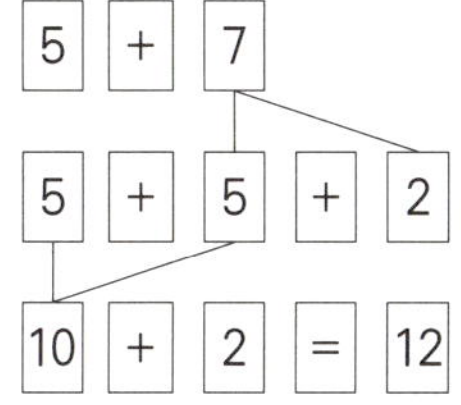

▪ **활동 6** 10을 만드는데 누가 움직이면 빨리 만들까?

교사 분홍 풍선 7개에서 10을 만들려면 분홍 풍선 몇 개가 움직여야 하나요?

아이들 3개입니다.

교사 분홍 풍선 5개에서 10을 만들려면 분홍 풍선 몇 개가 움직여야 하나요?

아이들 5개입니다.

교사 그럼, 어느 쪽이 움직여야 빨리 10을 만들 수 있을까요?

아이들 ('큰 쪽 7은 가만히 있고 작은 쪽 5가 움직이는게 더 빠릅니다' 등 생각을 말한다.)

교사 그렇습니다. 어느 쪽이 움직여도 괜찮으나, 호랑이 때문에 빨리 10을 만들어야 하니까 빨리 10을 만들 수 있게 움직이도록 하면 좋아요.

▪ **활동 7** '10' 빨리 만들기

백지 수카드 준비

교사　수카드에 6 , 9 를 써 보세요. 어느 수를 10을 만들어야 좋을까요? 들어 보세요.

아이들　9 를 든다.

교사　6 에서 9 에 얼마를 줘야 할까요?

아이들　1 을 줍니다.

교사　수카드에 8 , 7 을 써 보세요. 어느 수를 10을 만들어야 좋을까요? 들어 보세요.

아이들　8 을 든다.

교사　7 에서 8 에 얼마를 줘야 할까요?

아이들　2 를 줍니다.

교사　수카드에 7 , 6 을 써 보세요. 어느 수를 10을 만들어야 좋을까요? 들어 보세요.

아이들　7 을 든다.

교사　6 에서 7 에 얼마를 줘야 할까요?

아이들　3 을 줍니다.

■ 정리　의미 찾기

교사　오늘 두 수를 더해서 10이 넘는 것을 공부했는데 생각나는 것이나 느낌을 몸으로

　　　표현해 볼까요?

아이들　(몸짓으로 먼저 표현하고 발표한다.)

tip

10이 넘는 두 수의 합은 두 수 중에서 한개의 수를 '10'을 빨리 만들어 주는 것이 열쇠이다. 〈활동 2〉와 〈활동 4〉를 통해서 원리를 알았으면 〈활동 7〉의 활동을 많이 해서 체득화가 되도록 도와주어야 한다.

12. 십 몇에서 뺄 때
(10의 해체)

▪ **들어가면서**

파랑 네모 풍선 1개와 분홍 네모 풍선 3개가 있으면 풍선 몇 개가 될까? 13개 풍선에서 분홍 풍선 5개를 빼고 싶다. 어떤 방법으로 해야 될까?

▪ **목표**

'십 몇 빼기 몇'의 뺄셈하는 방법을 이해하고 계산할 수 있다.

▪ **준비물**

교사 : 분홍, 파랑 색카드($\frac{1}{2}$ 크기) 각 10장 정도, 백지 카드 30장(A$_4$ $\frac{1}{2}$ 크기)

학생 : 분홍, 파랑 색카드($\frac{1}{16}$ 크기) 각 10장 정도, 백지 수카드 30장(A$_4$ $\frac{1}{8}$ 크기)

▪ **내용**

실제로 아이들은 십 몇 빼기 몇의 계산을 머릿속에서 잘하고 있다. 그런데 그것을 설명하는 과정을 뺄셈식으로 써 놓으면 아이들이 어려워하고 혼동하는 모습을 볼 수 있다. 비형식적 지식이 문자로 표기된 수학 지식으로 변환되는 것을 아이들은 매우 어려워한다. 돈으로 물건 값을 치르며 계산을 잘하면서도 수학 시간에 계산을 못하는 것과 같다. 이것을 해결하기 위해서 아이들이 네모 풍선을 들고 색깔에 따라 줄을 선 후 그 풍선들에서 빼 주는 것을 체득하고 그 과정을 눈으로 보여 준다. 그리고 보여 준 과정대로 칠판에 수학나라 말을 써 가면서 설명을 하면 아이들은 이해를 하게 된다. 네모 풍선을 들고 줄을 서서 빼는 활동을 하고 수학나라 카드를 직접 놓아 보는 활동을 여러 번 반복함으로써 아이들이 이해를 잘하게 되는 모습을 볼 수 있다.

- **활동1** 여우에게 풍선 주기(분홍 풍선이 먼저 줌)

교사는 이끔이가 되고 아이들의 반은 파랑 네모 풍선이 되고, 반은 분홍 네모 풍선이 되어 활동한다.

교사 파랑 네모 풍선 1개와 분홍 네모 풍선 4개가 나와서 줄을 서 보세요.

풍선들 (알맞게 나와서 줄을 선다.)

교사 여러분, 여우가 막대기를 내밀어서 6개를 달라고 합니다. 어쩌지요? 분홍 풍선 4개, 여러분이 먼저 주겠다고요? 그렇게 해 보세요.

분홍 풍선 ('분홍 네모 풍선 4개를 먼저 줄게' 하면서 제자리로 돌아간다.)

교사 여러분, 6개를 달라고 하는데 분홍 풍선 2개를 아직 못 줬네요? 아, 파랑 풍선이 분홍 풍선 10개와 같다고 하네요. 그래 파랑 풍선 1개는 들어가고 그 대신 분홍 풍선 10개가 나와 보세요. 말해 보세요. '우리들은 파랑 풍선 1개 대신에 나온 분홍 풍선 10개입니다.'

분홍 풍선 (우리들은 파랑 풍선 1개 대신에 나온 분홍 풍선 10개입니다.)

교사 그래서 여러분 가운데 2개를 다시 여우한테 주겠다고요? 해 볼까요.

분홍 풍선 (다시 분홍 풍선 2개가 들어간다.)

교사 여러분, 여우한테 주겠다고 활동한 것을 어떤 순서로 했는지 다시 한 번 말해 보세요.

교사 여러분이 한 것을 내가 수학나라 말로 보여 줄게요.

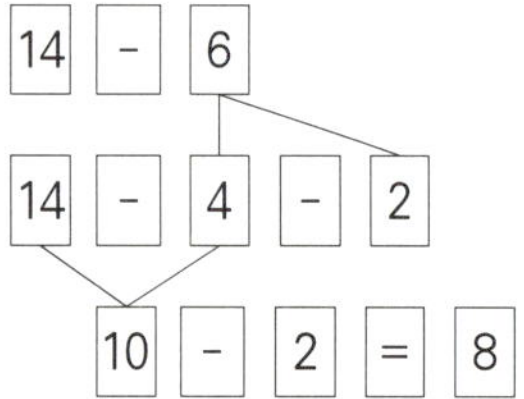

(위의 식을 칠판에 쓰고 아이들이 움직인 모습대로 상세하게 되풀이해서 말해 주어야 한다.)

8

파랑은 빌려 줘서 없다.

■이 분홍으로 와서 분홍 10개에서 2개를 더 빼서 분홍 8개 남는다.

14에서 먼저 4를 빼 줘서 10이 남는다.

14에서 6를 빼 준다. (14-6)

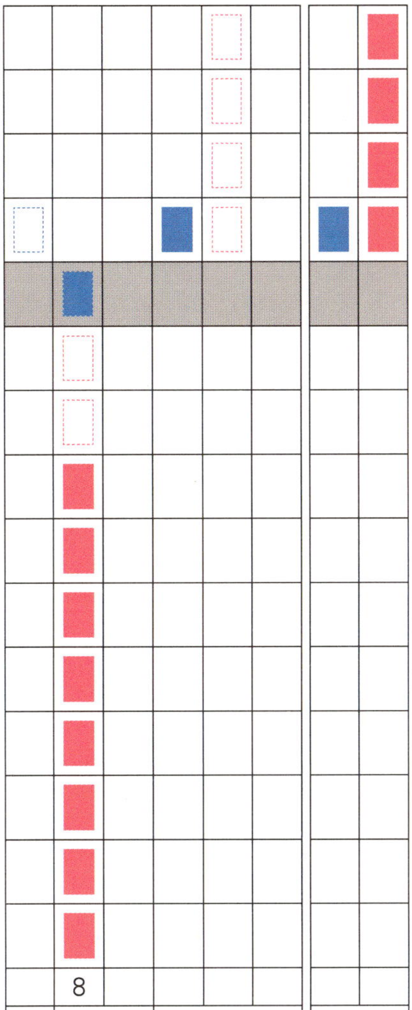

몸짓수 놀이 1

· 준비_ 식카드

· 활동

1. 아이 2명이 대표로 나온다.

2. 교사가 미리 문제를 보여 준다. $\boxed{14-6}$

3. 아이1은 10의 몸짓 팔춤 1번, 아이2는 4의 몸짓 허리춤 4번을 한다.

4. 아이 2가 허리춤 4를 한 후 4를 털어 내는 (빼는 것은 손바닥이 밖을 향한다.) 몸짓을 한다.

5. 아이1이 팔춤 1을 허리로 내려 보내는 손짓을 하면서 '쿵' 소리를 낸다.

6. 아이1이 허리 10번을 한 후 2번을 털어 낸다. (이때 굳이 10번을 하지 않고 바로 2번만 털어
   내는 몸짓을 하면서 8이 남았다고 해도 좋다.)

7. 앉아 있는 아이들은 얼마인지 맞히고 수학나라 말을 놓아 본다.

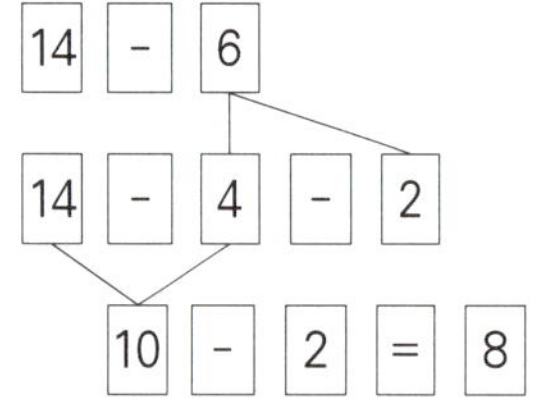

* 이 놀이는 꼭 규칙이 있다고 말할 수는 없고 몸짓을 하는 가운데 스스로 빼는 과정을 이해하는 놀이이다.

몸짓수 놀이 2

· 준비_ 식카드

· 활동

1. 교사가 수카드 $\boxed{14}$ 를 보여 주면 아이들은 팔춤과 허리춤을 이용해서 14의 몸짓을 한다.
   이때 손바닥이 몸 안쪽을 향하게 한다.

2. 교사가 다시 수카드를 보여 주며 '빼기 $\boxed{6}$' 이라고 한다.

3. 아이들은 허리춤 4개에서 4개를 빼 주는 몸짓을 먼저 한다. (손바닥은 밖을 향한다.)

4. 다음에 팔춤 1개를 아래로 내려 보내는 손짓을 하면서 '쿵' 소리를 낸다. 거기에서 2를 빼
   주는 몸짓을 한다.

5. 8이 남았어요. 큰 소리로 말한다.

6. 계속 수를 바꿔 가며 놀이한다. (수 15를 넘지 않고 받아내림이 되도록 한다.)

* 이 놀이는 꼭 규칙이 있다고 말할 수는 없고 몸짓을 하는 가운데 스스로 빼는 과정을 이해하는 놀이이다.

교사는 이끔이가 되고 아이들의 반은 파랑 네모 풍선이 되고, 반은 분홍 네모 풍선이 되어 활동한다.

교사   파랑 풍선이 화가 나서 삐쳤다고요? 알았어요. 내가 달래 줄게요. 파랑 네모 풍선 1개와 분홍 네모 풍선 4개가 나와서 줄을 서세요.

풍선들   (알맞게 나와서 줄을 선다.)

교사   여러분, 여우가 막대기를 내밀어서 6개를 달라고 하네요. 이번에는 파랑 풍선이 먼저 주세요.

파랑 풍선   ('우리들은 분홍 네모 풍선 10개이니까 여우가 달라는 6개를 다 주었다. 얘, 분홍 풍선아, 너희들은 줄 필요가 없다.' 교사가 미리 말을 해 주고 되풀이하게 한다.)

교사   분홍 풍선아, 파랑 풍선이 분홍 풍선 10개로 변해서 6개를 다 줬어요. 여러분은 줄 필요가 없으니 가만히 있어요.

분홍 풍선   ('알았어요, 고마워요' 등 인사를 한다.)

교사   여러분, 여우한테 활동한 것을 먼저 그림으로 보여 주세요.

교사   여러분이 한 것을 내가 수학나라 말로 도와줄게요.

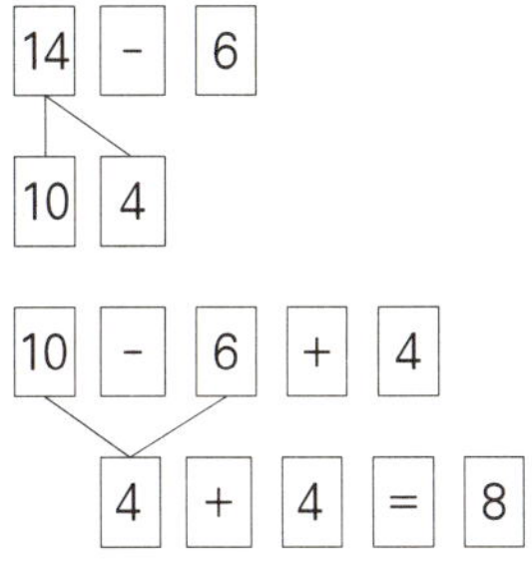

(교사는 위의 식을 칠판에 쓰고 아이들이 움직인 대로 상세하게 되풀이해서 말해 주어야 한다.)

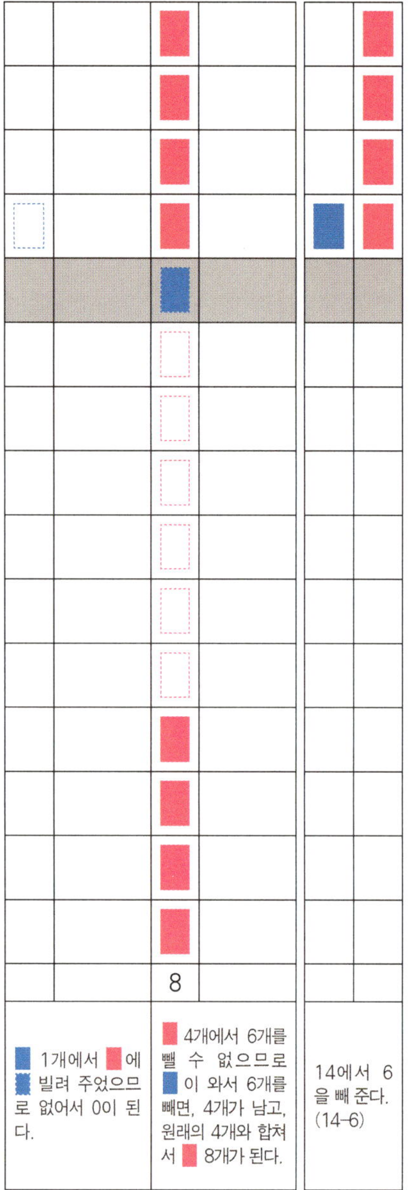

8

1개에서 에 빌려 주었으므로 없어서 0이 된다.

4개에서 6개를 뺄 수 없으므로 이 와서 6개를 빼면, 4개가 남고, 원래의 4개와 합쳐서 8개가 된다.

14에서 6 을 빼 준다. (14-6)

■ 활동 4 몸짓수 놀이

몸짓수 놀이 1

· 준비_식카드

· 활동

1. 아이 2명이 대표로 나온다.

2. 교사가 미리 문제를 보여 준다. $14 - 6$

3. 아이1이 몸짓수 10, 즉 팔춤을 1번 춘다.

4. 다시 아이1이 팔춤 1번을 허리로 보내는 노바디 손짓을 하면 '쿵' 소리를 낸다.

5. 아이1이 허리 10번을 한 후 6번을 털어 낸다. (이때 10번을 하지 않고 바로 6번을 털어 내는
   몸짓(손바닥이 몸 밖을 향함)을 해도 좋다.)

6. 아이2가 몸짓수 4를 더하는 몸짓을 한다.

* 이 놀이는 꼭 규칙이 있다고 말할 수는 없고 몸짓을 하는 가운데 스스로 빼는 과정을 이해하는 놀이이다.

몸짓수 놀이 2

· 준비_식카드

· 활동

1. 교사가 수카드 14 를 보여 주면 아이들은 팔춤과 허리춤을 이용해서 14의 몸짓을 한다.
   이때 손바닥이 몸 안쪽을 향하게 한다.

2. 교사가 다시 수카드를 보여 주며 '빼기 6' 이라고 한다.

3. 아이들은 팔춤 1개를 아래로 내려오는 노바디 몸짓을 하며 '쿵' 소리를 낸다. 10의 몸짓을
   먼저 하고 거기에서 6을 빼 주는 몸짓을 한다.

4. 원래의 4와 합쳐서 '8이 남았어요.' 라고 답한다.

5. 계속 수를 바꿔 가며 놀이한다. (수 15를 넘지 않고 받아내림이 되도록 한다.)

6. 아이들은 얼마인지 맞히고 수학나라 말을 놓아 본다.

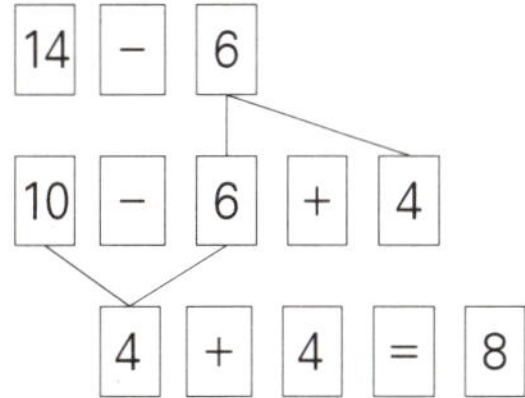

* 이 놀이는 꼭 규칙이 있다고 말할 수는 없고 몸짓을 하는 가운데 스스로 빼는 과정을 이해하는 놀이이다.

13. 세 자리 수 그리고 1000
(녹색, 파랑, 분홍 그리고 노랑)

▪ 들어가면서

1. 분홍색 바구니는 과자가 1개 들어가고, 바구니의 크기는 같으나 파랑색 바구니는 과자가 10개 들어간다. 어느 바구니를 받고 싶은가?

2. 분홍색 바구니와 파랑색 바구니를 같은 가격으로 팔 수 있을까?

▪ 목표

세 자리 수를 쓰고 읽을 수 있으며 크기를 비교할 수 있다.

▪ 준비물

교사 : 분홍, 파랑, 녹색 색카드($\frac{1}{2}$ 크기) 각 10장 정도, 백지 수카드 (A$_4$ $\frac{1}{2}$ 크기)

학생 : 분홍, 파랑 녹색 색카드($\frac{1}{16}$ 크기) 각 10장 정도, 백지 수카드 30장(A$_4$ $\frac{1}{8}$ 크기)

▪ 내용

세 자리 수를 배우는 단계이다. 자리 수에 따라 색깔이 다른 네모 풍선(네모 색깔 도화지)을 사용한다. 그리고 학습자들이 직접 수가 되어서 나와 알맞은 자리에 서 보고, 또한 10이 되었을 때 자리 이동을 해 봄으로써 자리 수에 대해서 확실한 개념을 갖게 하고자 한다.

이 과정은 반드시 1학년 1학기의 십진수 드라마를 해 보고, 또한 두 자리 수에 대해서 공부한 다음 진행하도록 한다.

▪ 활동 1 99에서 100이 되는 과정

이 과정은 **7. 100까지의 수**(**색카드는 너무 쉬워**)에서 이미 설명했다.

▪ **활동 2** 녹색, 파랑, 분홍 풍선을 이용해서 수를 표현하기

교사는 활동을 안내한다. 아이들은 녹색과 파랑과 분홍색 풍선을 갖고 교사의 안내에 따라 활동한다. (개별 학습일 때는 색카드를 놓아 보면서 하도록 한다.)

교사 121이 풍선을 들고 나와서 줄을 서 보고 수카드에 수를 써 보세요.

아이들

🟩	🟦	🟥
	🟦	
1	2	1

→옆의 수는 책에서 설명할 뿐이지, 아이들은 눈으로 보고 확인만 하면 된다.

교사 150이 나와서 줄을 서 보세요. (103, 405, 330 등)

아이들 (알맞게 색카드를 들고 나와서 서고, 수카드에 수를 써 보세요.)

색카드를 들고 123을 나타낸다.

색카드를 들고 205를 나타낸다

색카드를 들고 310을 나타낸다.

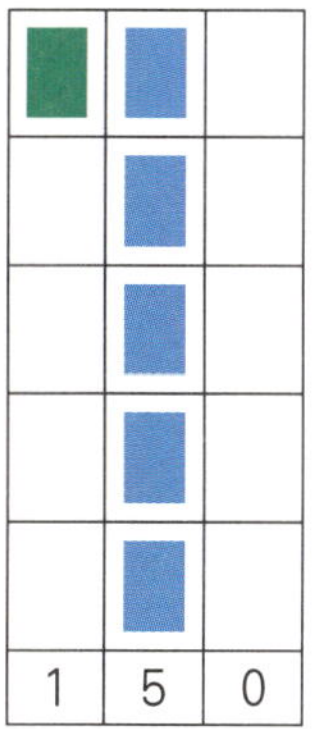

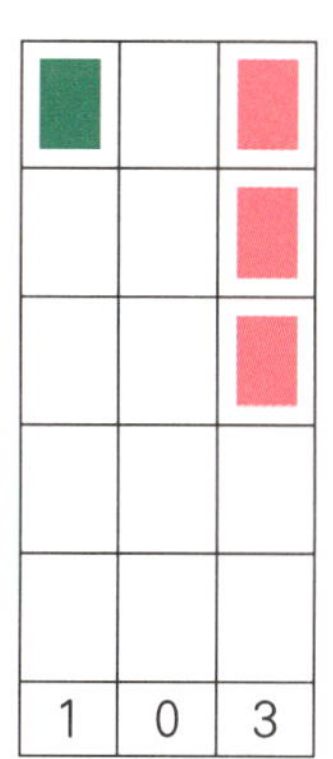

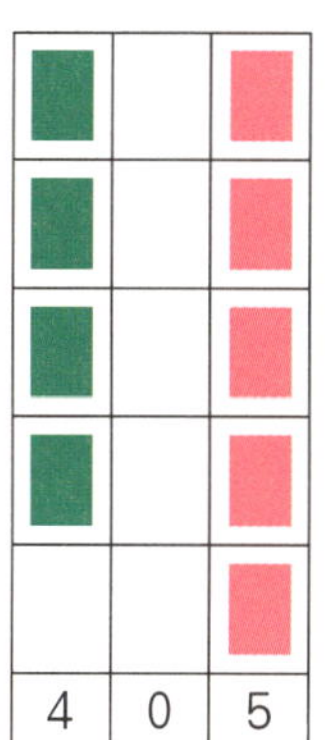

▪ 활동 3 '0'의 자리와 수 비교하기

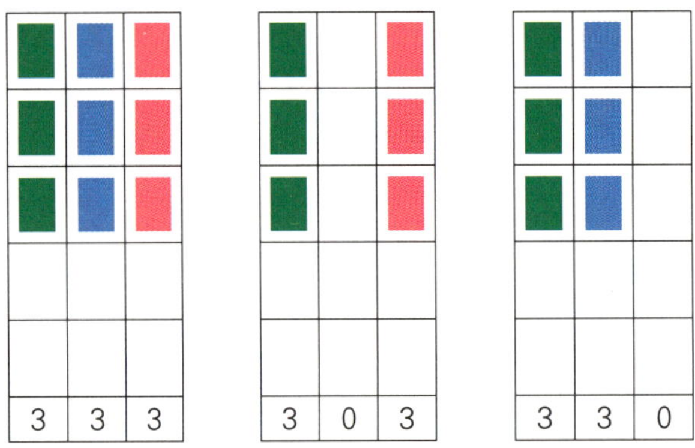

위의 활동은 십의 자리에 아무것도 없을 때 '0'으로 표현되고, 일의 자리에 아무것도 없을 때 '0'으로 표현되는 것을 눈으로 정확히 볼 수 있게 해 주며 아이들이 자리 수를 확실하게 알게 해 준다. 다른 수를 활용하여 이 활동을 여러 번 하는 것은 매우 중요하다.

▪ 활동 4 '1000' 만들기

교사는 활동을 안내한다. 아이들은 노랑과 녹색과 파랑과 분홍색 풍선을 갖고 교사의 안내에 따라 활동한다. (개별 학습일 때는 색카드를 놓아 보면서 하도록 한다.)

교사 '999' 나와서 서 봐요.

풍선들 (옆과 같이 선다.)

교사 분홍 풍선 한 개가 더 나와 보세요.

풍선들 (분홍 10개가 답답해서 파랑으로 이사를 가고, 파랑 10개가 되어서 또 답답해서 녹색으로 이사를 가는 모습들을 차례대로 보여 준다.)

교사 녹색 풍선 여러분, 여러분이 답답해서 터질 것 같아서 이사 가고 싶다고, 다시 말해 보세요.

녹색 풍선들 선생님, 답답해요. 터질 것 같아요. 이사 가고 싶어요.

교사 알았어요. 여러분이 10개가 되어서 답답하고 터질 것 같아서 이사를 가고 싶군요. 그런데 이번엔 이사 갈 집이 없네요. 어쩌지요. 큰일 났어요. 좋아요. 이 노랑 풍선 집으로 이사를 오세요. 노랑 풍선은 아주 마음이 넓어요. 녹색 풍선 여러분, 노랑 풍선 속으로 들어오세요.

86

  (노랑 풍선한테 '쏘옥' 하면서 부딪치고는 자기 자리로 돌아간다.)

교사 아이 1명이 더 들어왔는데 모두 이사를 갔네요. 결국 어느 집으로 이사를 가게 되었나요?

아이들 (자기의 생각을 말한다.)

교사 여러분의 모습을 그림으로 살펴볼까요?

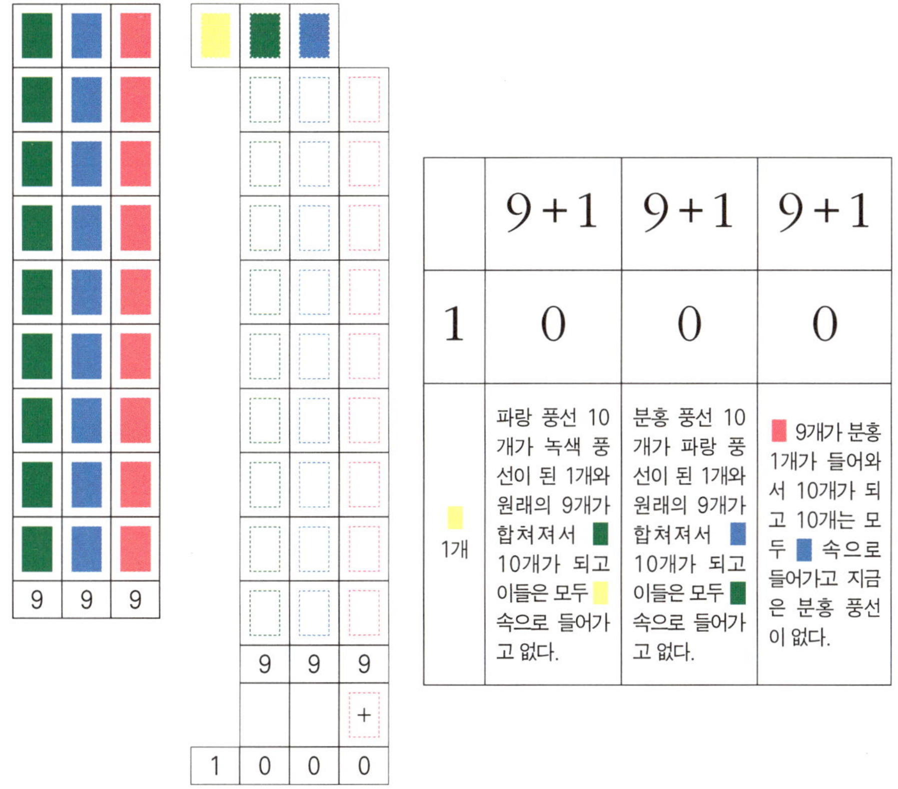

교사 여러분, 분홍 풍선 999개가 있는데 분홍 풍선 1개가 더 들어오면 천 개가 돼요. 그리고 천 개의 집은 분홍 풍선에도, 파랑 풍선에도 녹색 풍선에도 없고 노랑 네모 풍선 1개가 돼요. 수학나라 말로는 '1000'이라고 쓰고 읽을 때는 '천 혹은 일천'으로 읽어요. 모두 손을 높이 들어 천을 수학나라 말로 써 보세요. 그리고 큰 소리로 읽어 보세요.

아이들 (1000이라고 쓰고 천 혹은 일천이라고 큰 소리로 말한다.)

1. 1씩 뛰어 세기

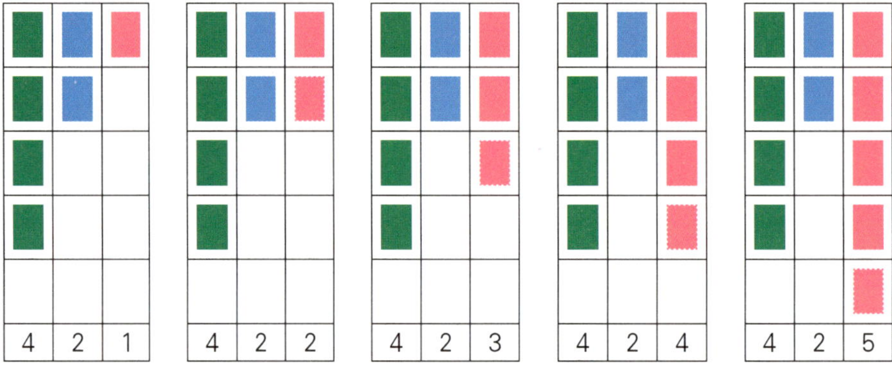

2). 10씩 뛰어 세기

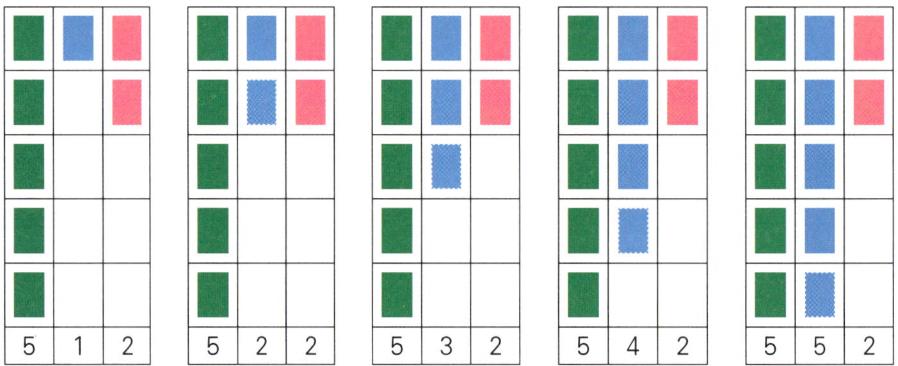

3. 100씩 뛰어 세기

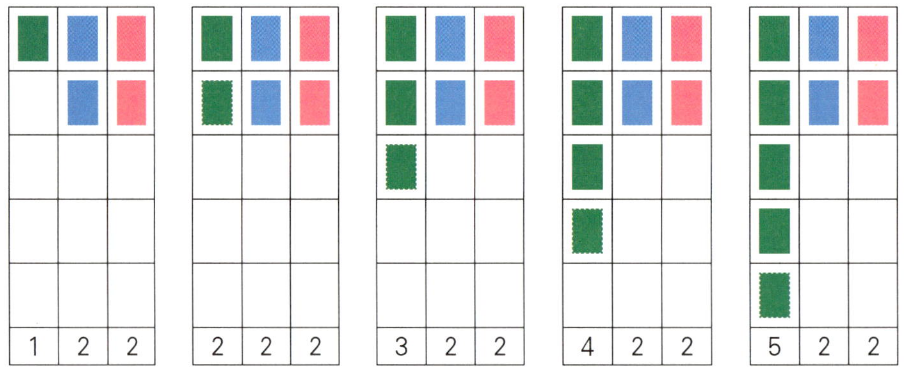

▪ **활동 6** 큰 수 만들기와 작은 수 만들기

교사 | 6 | 3 | 7 | 세 개의 숫자 카드를 이용하여 큰 수와 작은 수를 만들어 보아요.

아이들 (세 개의 숫자 카드를 든 아이들이 앞에 나와서 선다. | 6 | 3 | 7 |)

교사 카드를 든 채로 움직여서 제일 큰 수를 만들어 보세요.

아이들 (움직여서 제일 큰 수를 만든다. | 7 | 6 | 3 | →763)

교사 카드를 든 채로 움직여서 제일 작은 수를 만들어 보세요.

아이들 (움직여서 제일 작은 수를 만든다. | 3 | 6 | 7 | →367)

교사 | 2 | 0 | 5 | 세 개의 숫자 카드를 이용하여 큰 수와 작은 수를 만들어 보아요. 먼저 세 개의 숫자 카드가 나와서 서 보세요.

아이들 (세 개의 숫자 카드를 든 아이들이 앞에 나와서 선다. | 2 | 0 | 5 | →205)

교사 카드를 든 채로 움직여서 만들어 보세요.

아이들 (움직여서 제일 큰 수를 만든다. | 5 | 2 | 0 | →520)

교사 카드를 든 채 움직여서 제일 작은 수를 만들어 보세요.

아이들 (움직여서 제일 작은 수를 만든다. | 0 | 2 | 5 | →025가 아니고 | 2 | 0 | 5 | →205)

교사 왜 025는 아닐까요?

아이들 (각자의 생각을 발표한다.)

■ 활동 7 놀이

교사 놀이로 수를 공부합시다.

몸짓수 놀이 1

· 활동

1. 교사가 1, 2, 3, 4, ······ 9까지 부를 동안 아이들은 허리 치기를 한다.

2. 교사가 '10' 하면 아이들은 팔춤을 한 번 춘다.

3. 교사가 20, 30, 40 ······ 90까지 부를 동안 아이들은 개수만큼 팔춤을 춘다.

4. 교사가 100 하면 아이들은 어깨춤을 1번 춘다.

5. 125 하면 어깨 1번, 팔춤 2번, 허리 5번을 친다.

6. 수를 바꾸어 가며 놀이를 계속 재미있게 한다. (몸짓 춤 사진은 이 책 마지막 쪽에 있다.)

몸짓수 놀이 2 짝의 몸짓을 보며 알아맞히기

· 준비_짝 활동

· 활동

1. 약속하기 (허리춤 : 일의 자리, 팔춤 : 십의 자리, 어깨춤 : 백의 자리)

2. 짝이 세 자리 수의 몸짓을 보인다. (125, 346, 509, 970 등)

3. 다른 짝이 수를 알아맞힌다.

4. 역할을 바꾸며 놀이를 한다.

콩, 두부, 콩나물 놀이 1

· 준비_ ▮ ▮ ▮ 색카드, 12명 정도, 더 이상도 좋다. 원형 혹은 교실 학생 전체가 활동 해도 좋다.

· 활동

1. 교사와 약속을 한다. (콩 : 일의 자리, 두부 : 십의 자리, 콩나물 : 백의 자리)

2. 색카드로 놀이하거나, 콩, 두부, 콩나물로 놀이한다. 아이들은 어떤 색카드를 가질지, 어떤 콩을 가질지 한 가지만 갖는다.

3. 교사가 콩 하면 ▮ 카드를 든 사람이 일어나서 자리를 바꾼다.

4. 자리를 바꾸는 사이에 술래가 앉으면 미처 자리에 못 앉은 사람이 술래가 된다.

5. 술래가 콩나물 하면 ██ 카드를 든 사람이 일어나서 자리를 바꾼다.

6. 놀이의 형태를 바꾸어서 교사가 색카드를 들면 색카드 색깔에 따라서 콩, 두부, 콩나물인 사람이 일어나서 자리를 바꾸도록 한다. 이때 콩, 두부, 콩나물은 도미노로 돌아가며 이름이 벌써 붙여진 상황이다.

7. 100 하면 ██ 카드를 든 사람이 자리를 바꾼다. 10하면 ██ 카드를 사람이 1하면 ██ 카드를 든 사람이 자리를 바꾼다.

콩, 두부, 콩나물 놀이 2

· 준비_3명이 한 팀이 된다.

· 활동

1. 교사와 약속을 한다. (콩 : 1, 두부 : 10, 콩나물 : 100)

2. 한 팀이 일어나서 한 사람이 콩, 콩, 또 한 사람이 두부, 두부, 두부, 두부, 마지막 사람이 일어나서 콩나물, 콩나물, 콩나물, 콩나물, 콩나물 한다.

3. 앉아 있는 사람은 수가 얼마인지 계산해서 발표한다. (542)

번호 부르기 뛰어 세기 수 놀이를 하면서 중복되지 않고 수를 부르는 놀이

· 준비_8~15명 정도를 한 팀으로 하기

· 활동

* 목표를 먼저 준다. 예를 들면 '10' 씩 뛰어 세기, 혹은 1씩 뛰어 세기, 혹은 5씩 뛰어 세기 등이다. (목표 : 10씩 뛰어 세기를 100까지 한다.)

1. 교사가 먼저 '10' 하고 소리를 낸다.

2. 그다음에 정해진 순서 없이 아무나 '20' 하고 소리를 낸다. 이때 '20' 을 부르는 사람이 두 사람 이상이면 다시 '10' 으로 돌아가야 한다.

3. '10, 20' 을 한 사람씩 잘 불렀으면 '30' 을 부른다. 물론 두 사람 이상이 부르면 다시 '10' 으로 돌아간다.

4. 무작위 순서로 부르면서도 꼭 한 사람이 수를 불러서 '100' 까지 가도록 한다.

5. 서로 짜맞추지 않고 무작위로 하는 것이 중요하다.

6. 잘되면 응용해서 '9' 부터 출발하거나 '110' 혹은 '350' 등 여러 가지 방법으로 할 수 있다.

7. 두 팀으로 나누어 어느 팀이 잘하나 게임으로 즐길 수 있다.

14. 받아올림이 있는 2위수 더하기 1위수 (분홍 풍선이 터져요)

▪ 들어가면서

1. 덧셈을 몸짓으로 표현해 보기

2. '10' 개가 된 분홍은 어떤 소리를 낼까?

▪ 목표

두 자리 수 덧셈의 계산 방법을 이해하고 계산할 수 있다. (2위수 +1위수)

▪ 준비물

교사 : 분홍, 파랑 색카드($\frac{1}{2}$ 크기) 각 10장 정도, 백지 수카드 30장(A₄ $\frac{1}{2}$ 크기)

학생 : 분홍, 파랑 색카드($\frac{1}{16}$ 크기) 각 10장 정도, 백지 수카드 30장(A₄ $\frac{1}{8}$ 크기)

▪ 내용

두 자리 수의 덧셈을 할 때 중요한 것은 자리 수를 지키는 것이다. 그리고 그 자리에서 '10' 이 되었을 때는 그 자리에 있으면 안 되고 윗자리로 옮겨 가는 것이다.

▪ 활동 1 풍선들이 합해서 몇 개가 될까?(몇십 몇과 몇의 합)

교사는 이끔이가 되고 아이들의 절반은 파랑 네모 풍선이 되고, 절반은 분홍 네모 풍선이 되어 활동한다. (아이들의 절반은 참관하고 절반이 활동해도 좋다.)

교사 풍선 27개가 나와서 줄을 서 보세요.

풍선들 (파랑 네모 풍선 2개와 분홍 네모 풍선 7개가 나와서 선다.)

교사 다시 분홍 풍선 5개도 나와서 줄을 서 보세요.

분홍 풍선 (분홍 네모 풍선 5개가 나와서 줄을 선다.)

교사 풍선 여러분, 호랑이가 옵니다. 빨리 풍선을 합치고 호랑이에게 수학나라 말을 보

"

여 주세요.

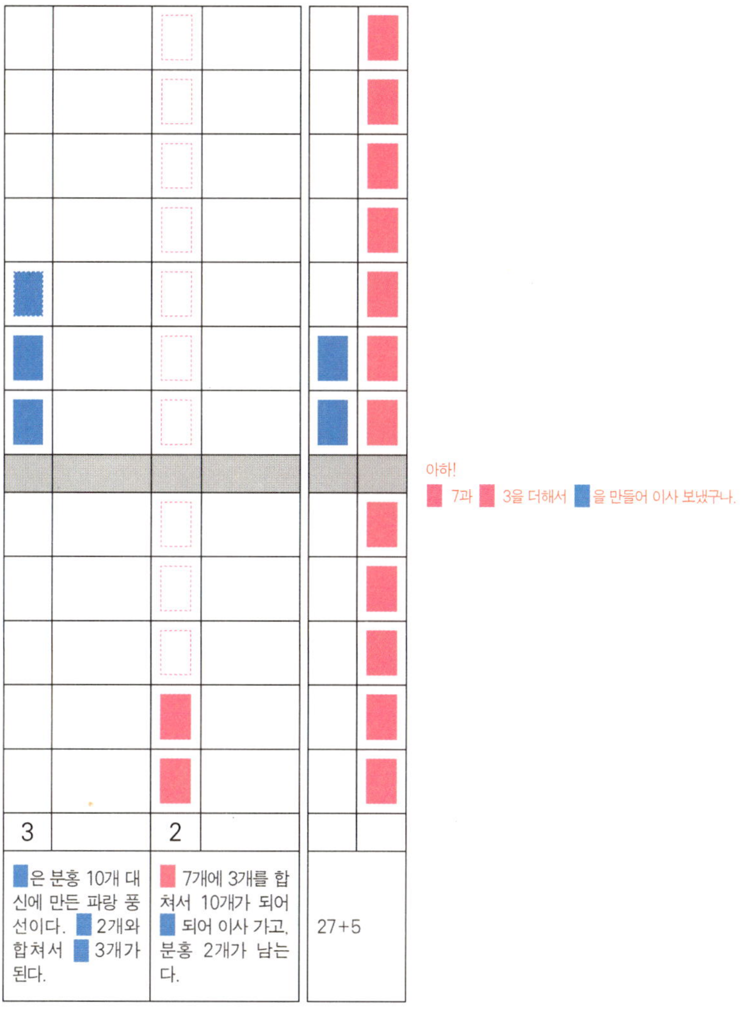

교사　풍선 7개에 3개를 합쳐서 10을 만드는 게 빠를까요? 풍선 5개에 5개를 합쳐서 10
　　　을 만드는 게 빠를까요?

풍선들　7개에 3개를 합치는 게 빨라요.

교사　분홍 풍선 10개가 되면 터질까 봐 누가 나왔나요?

풍선들　('파랑 풍선 1개가 나왔어요' 등)

교사　분홍 풍선들은 파랑 풍선 속으로 들어가면서 뭐라고 소리를 냈나요?

교사 기린 아저씨도 볼 수 있게 세로셈으로 써 보세요.

$$
\begin{array}{r}
\overset{\scriptstyle 1}{}2\,7 \\
+5 \\
\hline
3\,2
\end{array}
$$

(교사는 칠판에 세로셈 식을 쓰고 아이들이 나와서 설명을 하게 한다.)

■ 활동 2 몸짓수 놀이

몸짓수 놀이 1 덧셈을 몸짓수로 표현하기

· 준비_교사용 식카드

· 활동

1. 교사가 48 + 5 식카드를 보인다.

2. 아이들은 먼저 일의 자리 8에 대한 허리춤을 추고, 그다음 2개를 더 추면서 10개를 팔춤으로 옮겨 주는 손짓을 하며 '짠' 소리를 낸다. (이때 아이들이 몸짓을 할 때 손바닥이 몸 쪽을 향하게 한다.) 그리고 허리춤 3개를 더 춘다.

3. 다음에 팔춤을 다시 4번을 해서 모두 53인 것을 확인한다. (역시 손바닥이 몸 안을 향하게 한다.)

4. 교사가 제시하는 덧셈식을 보고 몸짓수로 표현한다. (49+7, 69+6, 87+5, 72+9 등)

몸짓수 놀이 2 덧셈을 몸짓수로 표현하기

· 준비_아이 2명이 나온다.

· 활동

1. 교사가 아이 2명에게 48 + 5 식카드를 보인다.

2. 아이1은 40의 몸짓, 즉 팔춤을 4번 춘다. 아이2는 8의 몸짓, 즉 허리춤을 춘다. 다시 아이2는 허리춤 2번을 더 추면서 10개가 되면 '짠' 소리 내며 올려 주는 손짓으로 아이1에게 보낸다. 그리고 아이2는 허리춤 3번을 더 춘다. (이때 아이는 몸짓을 할 때 손바닥이 몸 안을 향하게 한다.)

3. 아이 1은 아이2한테서 팔춤 1개를 받는 흉내, 즉 팔춤을 1번 춘다.

4. 앉아 있는 아이들은 몸짓을 보면서 수학나라 말을 놓아 본다. 48 + 5 = 53

15. 받아내림이 있는 2위수 빼기 1위수 (파랑이 해체)

▪ 들어가면서

1. 내가 가진 것을 다른 사람에게 주는 몸짓을 해 보기

2. 주는 것을 수학나라에서는 어떻게 표현할까?

▪ 목표

받아내림이 있는 두 자리 수의 뺄셈을 할 수 있다. (2위수 − 1위수)

▪ 준비물

교사 : 분홍, 파랑 색카드($\frac{1}{2}$ 크기) 각 10장 정도, 백지 수카드 30장(A$_4$ $\frac{1}{2}$ 크기)

학생 : 분홍, 파랑 색카드($\frac{1}{16}$ 크기) 각 10장 정도, 백지 수카드 30장(A$_4$ $\frac{1}{8}$ 크기)

▪ 내용

받아내림이 있는 뺄셈이다. 십의 자리에서 일의 자리로 내려가서 뺄셈을 도와주는 과정을 색카드를 들고 직접 수가 되어서 체험해 보고, 눈으로 본다. 학습자들은 그 과정을 체험하고 눈으로 그리기 때문에 뺄셈식을 완전히 이해하게 된다.

▪ 활동 1 받아내림이 있는 몇 십 몇과 몇의 차(풍선들이 여우에게 주기)

교사는 이끔이가 되고 아이들은 파랑 네모 풍선이 되고, 분홍 네모 풍선이 되어 활동한다. (아이들의 절반은 지켜보고 절반이 활동해도 좋다. 이 활동을 여러 번 반복하는 것도 중요하다.)

교사 풍선 32개가 나와서 줄을 서 보세요.

풍선들 (알맞게 나와서 줄을 선다.)

교사 여우가 막대기를 내밀어서 분홍 풍선 7개를 달라고 해요. 분홍 풍선이 2개밖에 없

어서 7개를 줄 수 없어 걱정하고 있어요. 어떻게 해야 될까요?

풍선들 (생각을 발표한다.)

교사 그래요. 파랑 풍선이 분홍으로 넘어가서 도와주면 되겠네요. 풍선 여러분, 활동하

세요.

풍선들 (활동을 한다.)

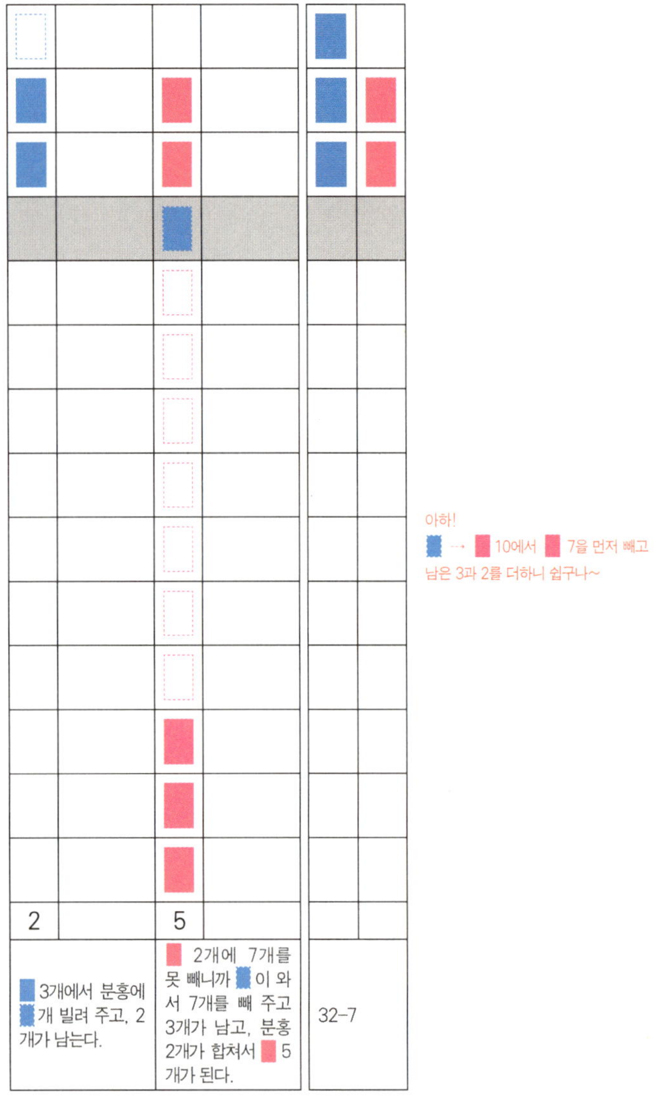

2		5	
3개에서 분홍에 개 빌려 주고, 2개가 남는다.	2개에 7개를 못 빼니까 이 와서 7개를 빼 주고 3개가 남고, 분홍 2개가 합쳐서 5개가 된다.	32-7	

교사 기린도 볼 수 있게 세로셈으로 표현해 보아요.

$$
\begin{array}{r}
{\scriptstyle 2\ 1\ 0} \\
\cancel{3}\,2 \\
-\quad 7 \\
\hline
2\ 5
\end{array}
$$

(교사는 칠판에 세로셈 식을 쓰고 아이들이 나와서 설명을 하게 한다.)

■ **활동 2** 몸짓수 놀이

몸짓수 놀이 1 뺄셈을 몸짓수로 표현하기

· 준비_교사용 식카드

· 활동

1. 교사가 [32−7] 식을 보여 준다.

2. 먼저 32의 몸짓수를 표현한다.

3. 2에서 7을 뺄 수 없으므로 팔춤 1개가 '쿵' 소리를 내며 허리로 내려오는 손짓을 한다. 내려와서 허리춤 10개에서 허리 7번을 빼면 허리 3개가 남고 원래의 허리 2개를 합쳐서 5개가 된다.

4. 팔춤은 2번이 있다.

5. 아이들은 수학나라 말(뺄셈식)을 놓아 본다.

[32] [−] [7] [=] [25]

몸짓수 놀이 2 뺄셈을 몸짓수로 표현하기

· 준비_아이 2명이 나오기

· 활동

1. 교사가 [32−7] 식을 보여 준다.

2. 아이 1은 30의 몸짓 팔춤을 3번 춘다.

3. 아이 2는 2의 몸짓 허리춤을 2번 춘다. 허리춤 2번에서 7번을 뺄 수 없으므로 아이1이 '쿵' 소리를 내며 아이2에게 팔춤 1개를 준다.

4. 아이 2는 내려온 팔춤에서 7개를 빼고 3개가 남고, 원래의 2개를 합쳐서 5개가 된다.

5. 앉아 있는 아이들은 몸짓수를 보고 식을 놓아 본다.

[32] [−] [7] [=] [25]

▪ **활동 3** 여러 가지 방법으로 계산하기(역할극)

짝 두 명씩 수카드를 들고, 수가 되어서 활동한다.

덧셈

교사 34+9를 여러 가지 방법으로 계산해 보아요. 아이1은 [34] , 아이2는 [9] 를 각각

써서 더해 보세요.

아이1 나의 수 34가 있는데 너의 수 9를 더하고 싶어.

아이2 내가 10을 줄게.

아이1 내가 44가 되었네.

아이2 9를 달라고 했는데 10을 줬으니 1을 돌려줘야지.

아이1 알았어. 44에서 1을 주니까 43이 되는구나.

뺄셈

교사 57-8을 여러 가지 방법으로 계산해 보아요. 아이1은 [57] , 아이2는 [8] 을 각각 써

서 더해 보세요.

아이1 나이 수 57에서 나에게 8을 주렴.

아이2 내가 10을 줄게. 그러면 나는 47이 되네.

아이1 8을 달라고 했는데 10을 줬잖아. 2를 돌려줘.

아이2 알았어. 2를 돌려줄게.

아이1 47에서 2를 돌려받아서 49가 되는구나.

> 역할극 한 내용을 토대로 교사가 식을 써서 설명을 하면 쉽게 이해를 한다.

▪ **정리** 의미 찾기

교사 오늘 공부한 내용을 몸짓으로 표현하고 발표하세요.

아이들 (자기의 생각을 몸짓으로 표현하고 발표한다.)

16. 받아올림이 있는 2위수 더하기 2위수 (이사를 가요)

- **들어가면서**

  1. 수학나라에서 '10' 개가 되었을 때 이사를 안 가고 그 자리에 가만히 있으면 어떻게 될까?

- **목표**

  두 자리 수 덧셈의 계산 방법을 이해하고 계산할 수 있다. (2위수＋2위수)

- **준비물**

  교사 : 분홍, 파랑 색카드($\frac{1}{2}$ 크기) 각 10장 정도, 백지 수카드 30장(A$_4$ $\frac{1}{2}$ 크기)

  학생 : 분홍, 파랑 색카드($\frac{1}{16}$ 크기) 각 10장 정도, 백지 수카드 30장(A$_4$ $\frac{1}{8}$ 크기)

- **내용**

  두 자리 수의 덧셈을 할 때 중요한 것은 자리 수를 지키는 것이다. 그리고 그 자리에서 '10'이 되었을 때는 그 자리에 있으면 안 되고 윗자리로 옮겨 가는 것을 눈으로 정확히 본 후에 수학나라 말을 써 보는 활동을 한다.

- **활동 1** 몇 십 몇과 몇 십 몇의 합

  교사는 이끔이가 되고 아이들의 절반은 파랑 네모 풍선이 되고, 절반은 분홍 네모 풍선이 되어 활동한다. (아이들 절반은 관찰해도 좋다.)

  교사　풍선 27개가 나와서 줄을 서세요.

  풍선들　(파랑 네모 풍선 2개와 분홍 네모 풍선 7개가 나와서 선다.)

  교사　다시 풍선 14개가 나와서 줄을 서세요.

  풍선들　(파랑 네모 풍선 1개와 분홍 네모 풍선 4개가 나와서 선다.)

교사 풍선 여러분, 호랑이가 와요. 빨리 풍선을 합치고 호랑이에게 수학나라 말을 보여 주세요.

교사 분홍 풍선 10개가 되면 터질까 봐 누가 나왔나요?

풍선들 ('파랑 풍선 1개가 나왔어요' 등)

교사 분홍 풍선들은 파랑 풍선 속으로 들어가면서 뭐라고 소리를 내었나요?

100

풍선들 ('쏘옥 소리를 내었어요' 등)

교사 기린 아저씨도 볼 수 있게 세로셈으로 써 볼까요.

$$
\begin{array}{r}
1 \\
2\,7 \\
+\quad 1\,4 \\
\hline
4\,1
\end{array}
$$

(교사는 칠판에 세로셈 식을 쓰고 아이들이 나와서 설명을 하게 한다.)

■ **활동 2 몸짓수 놀이**

몸짓수의 약속에 따라서 몸짓수 놀이를 해 본다.

■ **활동 3 여러 가지 방법으로 계산하기 (역할극)**

짝 두 명씩 수카드를 들고, 수가 되어서 활동한다.

교사 48+26을 여러 가지 방법으로 계산해 보아요. 아이1은 $\boxed{48}$, 아이2는 $\boxed{26}$을 각각 써서 더해 보세요.

1의 방법

아이2 나이 수 26 중에서 먼저 20을 너에게 줄게.

아이1 그러면 나는 68이 되겠구나.

아이2 아직 6을 안 더했으니 너의 68에 6을 더해 보렴.

아이1 그러면 74가 되네.

2의 방법

아이2 너의 40에 나의 20을 먼저 더해 보자.

아이1 응 60이 되네. 그런데 아직 8과 6을 안 더했잖아.

아이2 그래, 8과 6을 더해서 14가 되네.

아이1 그러면 60과 14가 합쳐서 74가 되는구나.

> 역할극 한 내용을 토대로 교사가 식을 써서 설명을 하면 쉽게 이해를 한다.

17. 받아내림이 있는 2위수 빼기 2위수 (파랑이 해체)

- **들어가면서**

  내가 가진 것을 다른 사람에게 주어 본 경험을 발표하기

- **목표**

  받아내림이 있는 두 자리 수의 뺄셈을 할 수 있다. (2위수 − 2위수)

- **준비물**

  교사 : 분홍, 파랑 색카드($\frac{1}{2}$ 크기) 각 10장 정도, 백지 수카드 30장(A$_4$ $\frac{1}{2}$ 크기)

  학생 : 분홍, 파랑 색카드($\frac{1}{16}$ 크기) 각 10장 정도, 백지 수카드 30장(A$_4$ $\frac{1}{8}$ 크기)

- **내용**

  받아내림이 있는 뺄셈이다. 십의 자리에서 일의 자리로 내려가서 뺄셈을 도와주는 과정을 색카드를 들고 직접 수가 되어서 체험해 보고, 눈으로 본다. 학습자들은 그 과정을 체험하고 눈으로 그리기 때문에 뺄셈식을 완전히 이해하게 된다.

- **활동 1** 받아내림이 있는 몇 십 몇과 몇 십 몇의 차(풍선들이 여우에게 주기)

  교사는 이끔이가 되고 아이들 절반은 파랑 네모 풍선이 되고, 절반은 분홍 네모 풍선이 되어 활동한다. (재적 수가 많을 때는 아이들 절반은 참관한다. 이 활동을 여러 번 반복하는 것도 중요하다. 혼자 공부할 때는 색카드를 놓으면서 한다.)

  교사 풍선 32개가 나와서 줄을 서세요.

  풍선들 (알맞게 나와서 줄을 선다.)

  교사 여우가 막대기를 내밀어서 풍선 17개를 달라고 해요. 어떻게 해야 될까요?

  풍선들 (생각을 발표한다.)

교사 그래요. 파랑 풍선이 분홍으로 넘어가서 도와주면 되겠네요. 풍선 여러분, 활동하
세요.

풍선들 (활동을 한다.)

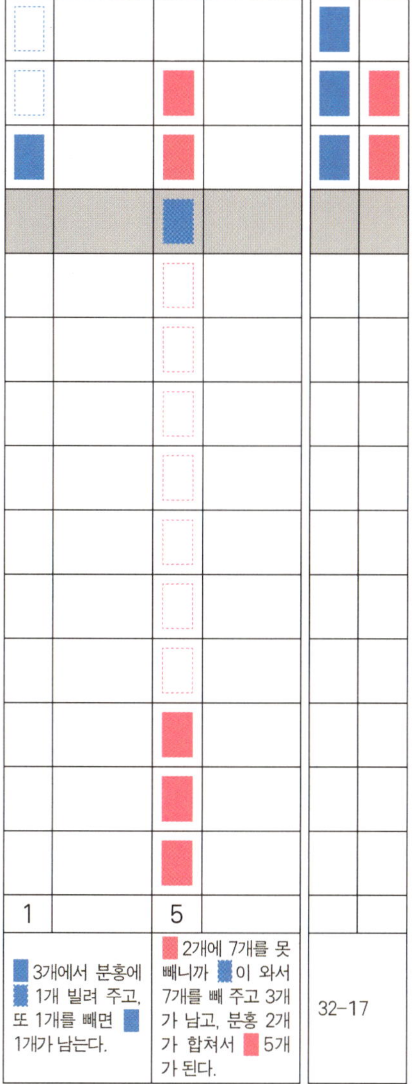

(교사는 칠판에 세로셈 식을 쓰고 아이들이 나와서 설명을 하게 한다.)

$$\begin{array}{r} \overset{2\ \ 10}{\not{3}\,2} \\ -\ 1\,7 \\ \hline 1\,5 \end{array}$$

- **활동 2** 몸짓수 놀이

  *몸짓수의 약속에 따라서 몸짓수 놀이를 해 본다. (앞에서 이미 많이 했다.)

- **활동 3** 여러 가지 방법으로 계산하기(역할극)

  짝 두 명씩 수카드를 들고, 수가 되어서 활동한다.

교사 54 – 37을 여러 가지 방법으로 계산해 보아요. 아이1은 54 , 아이2는 37 을 각각
　　　써서 더해 보세요.

1의 방법

아이2 너의 수 54 중에서 먼저 30을 뺄게.

아이1 그러면 나는 24가 남는구나.

아이2 아직 7을 덜 뺐으니 24에서 7을 뺀다.

아이1 그러면 나는 17이 남네.

2의 방법

아이2 너의 수 54 중에서 나에게 40을 줘 보렴.

아이1 응. 그러면 나는 14가 남네. 그런데 네가 37을 가지고 간다고 하고 40을 가져갔으
　　　니 3을 더 가져갔네.

아이2 알았어. 3을 돌려줄게.

아이1 14에서 3을 돌려받아서 17이 되었구나.

> 역할극 한 내용을 토대로 교사가 식을 써서 설명을 하면 쉽게 이해를 한다.

- **활동 4** 덧셈과 뺄셈의 관계

1. 덧셈식으로 뺄셈식 만들기

교사 12 + 4 = 16 의 카드 5장을 만들어서 아이들이 들고 서 있는다. 크게 식을

읽어 보게 한다.

☐+☐ 의 카드 뒷면은 ☐-☐ 가 쓰여 있어요.

아이들 (아이들이 들고 서 있으면 모두 크게 식을 읽는다.)

교사 (16-4＝12를 크게 읽는다.) 선생님이 읽은 대로 다시 서 보세요.

아이들 (16 - 4 = 12) 옆과 같이 선다.

교사 (16-12＝4를 크게 읽는다.) 선생님이 읽은 대로 다시 서 보세요.

아이들 (16 - 12 = 4) 옆과 같이 선다.

교사 덧셈식에서 뺄셈식을 만들 때 새로 들어온 수가 있었나요?

아이들 (자기들의 생각을 발표한다.)

2. 뺄셈식으로 덧셈식 만들기

교사 18 - 5 = 13 의 카드 5장을 만들어서 아이들이 들고 서 있는다. 크게 식을
읽어 보게 한다.

☐-☐ 의 카드 뒷면은 ☐+☐ 가 쓰여 있어요.

아이들 (들고 서 있으면서 모두 크게 식을 읽는다.)

교사 (5+13＝18을 크게 읽는다.) 선생님이 읽은 대로 다시 서 보세요.

아이들 (5 + 13 = 18) 옆과 같이 선다.

교사 (13+5＝18을 크게 읽는다.) 선생님이 읽은 대로 다시 서 보세요.

아이들 (13 + 5 = 18) 옆과 같이 선다.

교사 뺄셈식에서 덧셈식을 만들 때 새로 들어온 수가 있었나요?

아이들 (자기들의 생각을 발표한다.)

교사 우리는 덧셈식을 보고 무슨 식을 만들 수 있을까요?

아이들 (자기들의 생각을 발표한다.)

교사 우리는 뺄셈식을 보고 무슨 식을 만들 수 있을까요?

아이들 (자기들의 생각을 발표한다.)

18. 3위수 더하기 3위수

(녹색, 파랑, 분홍 색카드)

▪ **들어가면서**

1. 부모님께서 맛있는 것을 주신대요. 두 자리 수(파랑 바구니)로 받고 싶어요. 세 자리 수(녹색 바구니)로 받고 싶어요?

2. 초등학교 2학년이 중학교 2학년 교실에 가면 어떤 일이 일어날까? 그 이유를 생각하기

▪ **목표**

세 자리 수의 덧셈을 할 수 있다.

▪ **준비물**

교사 : 분홍, 파랑, 녹색 색카드($\frac{1}{2}$ 크기) 각 10장 정도, 백지 수카드 30장(A$_4$ $\frac{1}{2}$ 크기)

학생 : 분홍, 파랑, 녹색 색카드($\frac{1}{16}$ 크기) 각 10장 정도, 백지 수카드 30장(A$_4$ $\frac{1}{8}$ 크기)

▪ **내용**

덧셈은 자리 수를 맞추어서 계산하는 것이 가장 중요하다. 자리 수를 색깔로 표현하고 동시에 아이들 스스로 수가 되어 계산해 보면서 확실하게 이해할 수 있게 하였다.

백지 수카드 30장($\frac{1}{8}$ A$_4$ 용지) 정도 넉넉하게 준비하여 여기에 수학나라 말(식)을 쓰도록 하면서 아이들이 수학나라 말(식)에 대한 개념을 이해하도록 이끌어 준다. 이 활동이 번거롭고, 의미 없어 보이지만 이 활동을 하는 가운데 $+$, $-$, $=$ 를 확실히 이해하는 아이들의 모습을 발견하게 될 것이다.

▪ **활동 1** 녹색 네모 풍선 모여라

교사는 앞에 서고, 아이들은 자기 자리에 앉아 있는다. 교사의 대사에 따라서 네모

풍선을 든 아이들이 나와서 줄을 서는 활동을 한다. 아이들이 네모 풍선을 들고 나와서 활동할 때 인원수가 많아서 질서가 깨질 염려가 있을 때는 아이들을 두 모둠으로 나누어서 한 모둠씩 교대로 활동하게 한다.

교사 여러분, 몸짓수로 235를 표현하세요. (356, 125, 204 등 여러 가지를 몸짓수로 표현하면서 몸의 긴장을 풀고 십진수에 대한 개념을 마음으로 정리하는 시간을 갖는다.)

아이들 (몸짓수로 여러 가지 수를 표현한다.)

교사 200이 나와서 줄을 서 보세요.

아이들 (녹색 네모 풍선을 들고 2명이 나와서 줄을 선다. 서 있어서 질서가 깨질 것 같으면 서 있는 자리에서 앉게 하고 색카드를 높게 들게 할 수도 있다.)

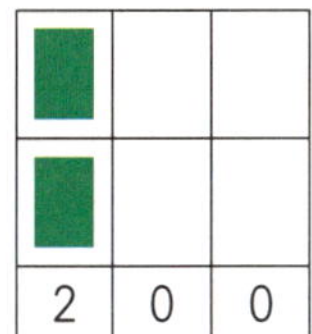

교사 여러분, 이번에는 300이 나와서 줄을 서 보세요.

아이들 (녹색 네모 풍선을 들고 3명이 나와서 줄을 선다.)

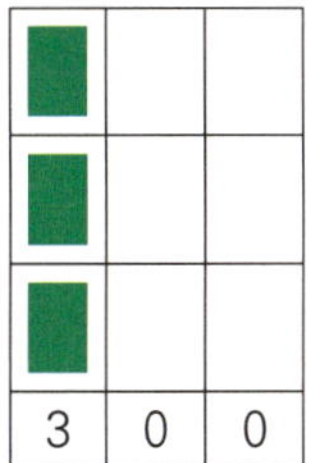

교사 이 풍선들을 합하면 모두 몇 개가 될까요?

아이들 500개가 됩니다.

교사 수학나라 말로 표현하고 기린 아저씨가 볼 수 있게 세로셈으로도 표현하세요.

아이들 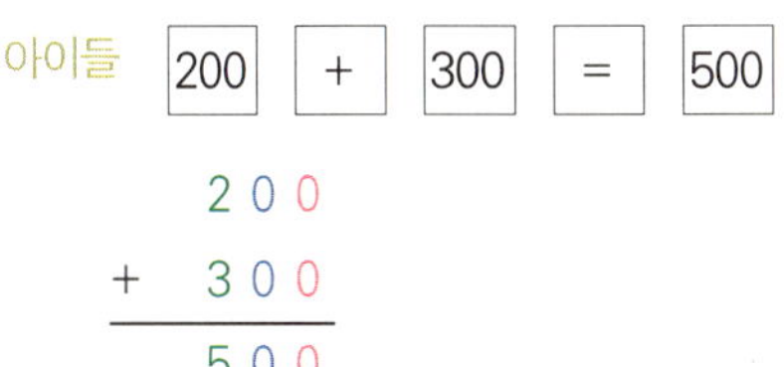

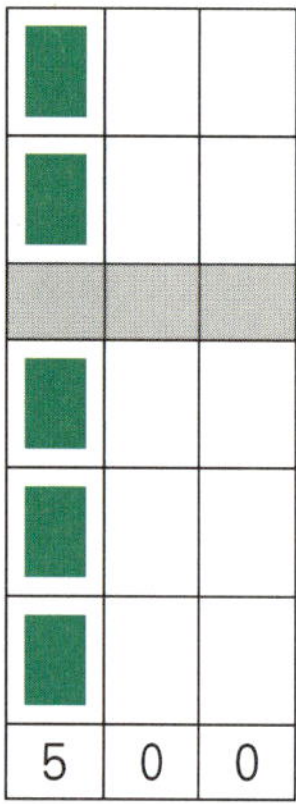

(교사가 세로셈을 칠판에 쓴 후 아이들이 나와서 설명을 하게 한다.)

▪ **활동 2** 녹색 네모 풍선과 파랑 네모 풍선 모여라

교사는 앞에 서고, 아이들은 자기 자리에 앉아 있는다. 교사의 대사에 따라 네모 풍선을 든 아이들이 나와서 줄을 서는 활동을 한다.

교사 230이 나와서 줄을 서 보세요.

아이들 (녹색 네모 풍선을 들고 2명이 나와서 줄을 선다. 파랑 네모 풍선 3명이 나와서 줄을 선다. 서 있어서 질서가 깨질 것 같으면 서 있는 자리에서 앉게 하고 색카드를 높게 들게 할 수도 있다.)

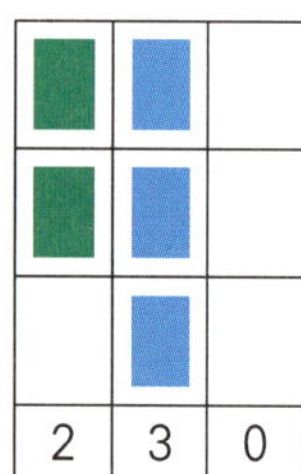

교사 이번에는 350이 나와서 줄을 서 보세요.

아이들 (녹색 3, 파랑 5개가 나와서 줄을 선다.)

교사 여러분, 이 풍선들은 합하면 모두 몇 개가 될까요? (서는 모습 사진은 63쪽에 있다.)

아이들 (모두 합할 때는 색카드를 든 채 서로 마주 보도록 한다.)

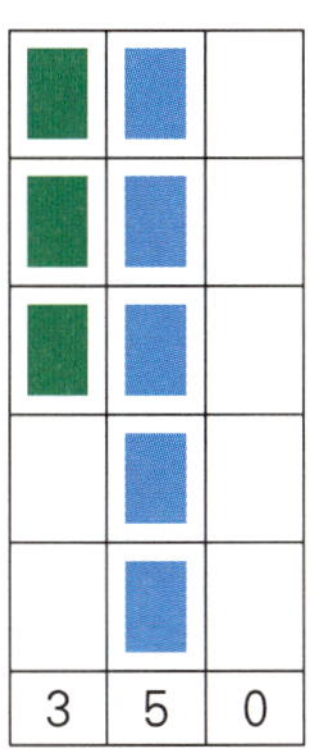

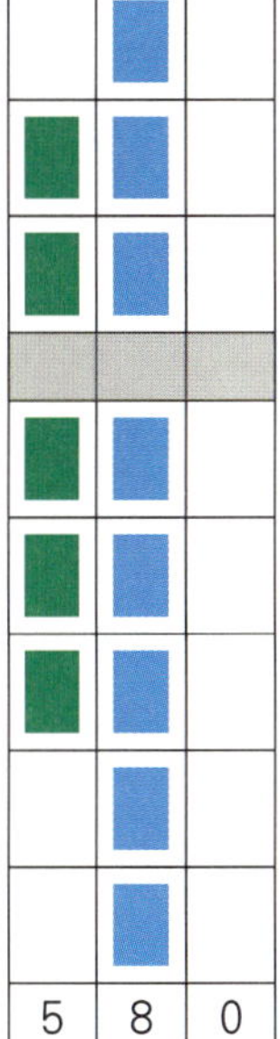

아이들 모두 580개입니다.

교사 수학나라 말을 수학나라 카드(백지 종이)에 써 보아요. 그리고 기린 아저씨가 볼 수

있게 세로셈으로도 표현해 보아요.

아이들 230 + 350 = 580

$$
\begin{array}{r}
2\,3\,0 \\
+\;\;3\,5\,0 \\
\hline
5\,8\,0
\end{array}
$$

(교사가 세로셈을 칠판에 쓴 후 아이들이 나와서 설명을 하게 한다.)

교사 잘했어요. 그러면 아래 문제들도 네모 풍선으로 서 보고, 수학나라 말을 써서 해결하도록 하세요.

1. 340 + 230

2. 610 + 170

3. 520 + 60

 (모두 풍선을 들고 알맞은 자리 수에 서서 합을 구하고 수학나라 말로 표현한다.)

■ **활동 3 몸짓수 놀이**

몸짓수 놀이 1 덧셈을 몸짓수로 표현하기

· 준비_교사용 식카드

· 활동

1. 교사가 340 + 230 식카드를 보여 준다.

2. 팔춤 4번과 3번을 해서 7번, 즉 70이 된다. ('칠십' 하고 소리를 낸다.)

3. 어깨춤 3번과 2번을 해서 5번 즉 500이 된다. ('오백' 하고 소리를 낸다.)

4. 다 한 후에는 수학나라 카드로 놓아 본다.

340 + 230 = 570

5. 교사가 제시하는 유사한 덧셈식을 보고 몸짓수로 표현한다.

(150＋130, 240＋340, 520＋460 등)

몸짓수 놀이 2 덧셈을 몸짓수로 표현하기

· 준비_교사용 식카드 , 아이 2명이 나온다.

· 활동

1. 교사는 준비한 식을 아이 2명에게만 보여 준다. 340 + 230

2. 아이 1은 40의 팔춤, 다시 30의 팔춤을 춘다.

3. 아이 2는 300의 어깨춤, 다시 200의 어깨춤을 춘다. (이때 손바닥은 몸 안쪽을 향하게 한다.)

4. 앉아 있는 아이들은 합이 얼마인지 몸짓을 보고 수학나라 말로 놓는다.

340 + 230 = 570

5. 교사가 제시하는 유사한 덧셈식을 보고 몸짓수로 표현한다.

(150＋130, 240＋340, 520＋460 등)

110

▪ **활동 4** 녹색 네모 풍선과 파랑 네모 풍선과 분홍 네모 풍선 모여라

교사는 앞에 서고, 아이들은 자기 자리에 앉아 있는다. 교사의 대사에 따라서 네모 풍선을 든 아이들이 나와서 줄을 서는 활동을 한다.

교사 이번에는 232개가 나와서 서 보세요.

아이들 (색카드를 들고 나와서 선다. 나와서 앉아 있고 색카드만 높이 들어도 좋다.)

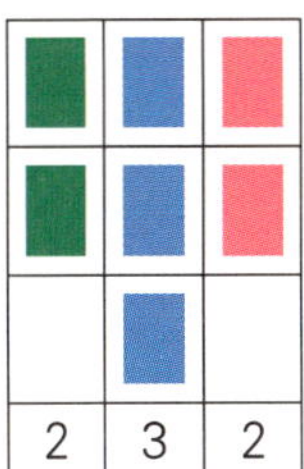

교사 이번에는 331개가 나와서 서 보세요.

아이들 (색카드를 들고 나와서 선다. 나와서 앉아 있고 색카드만 높이 들어도 좋다.)

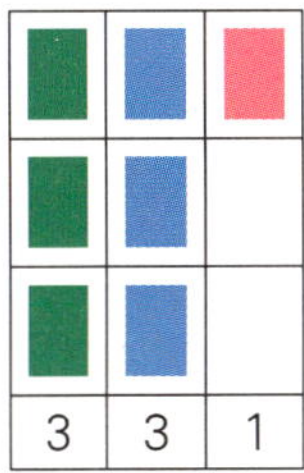

교사 모두 몇 개인지 알아 보아요.

아이들 (서로 마주 보고 서서 합을 구한다.)

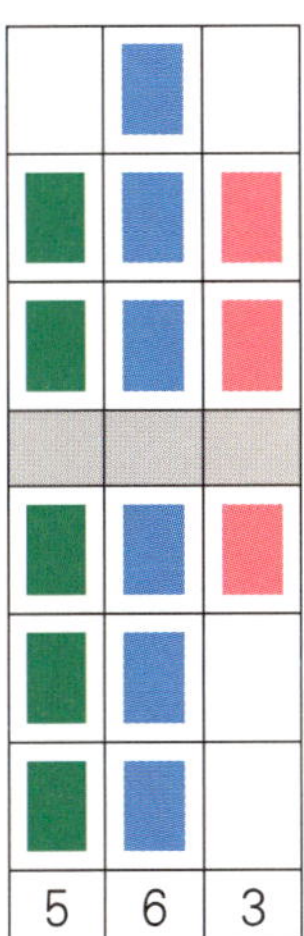

아이들 모두 563개입니다.

교사 수학나라 말로 표현하고 기린 아저씨가 보는 세로셈도 표현하세요.

아이들 232 ＋ 331 ＝ 563

```
    2 3 2
+   3 3 1
───────────
    5 6 3
```

교사 잘했어요. 아래의 문제를 색카드를 들고 해결하도록 하세요.

1. 345 + 234

2. 601 + 175

3. 520 + 69

아이들 (모두 풍선을 들고 알맞은 자리 수에 서서 합을 구하고 수학나라 말도 놓는다.)

▪ 활동 5 몸짓수 놀이

몸짓수 놀이 1 덧셈을 몸짓수로 표현하기

· 준비물_교사용 식카드

· 활동

1. 교사가 345 + 233 식을 보여 준다.

2. 허리 춤 5번과 3번을 해서 8번이 된다. ('팔' 하고 소리를 낸다.)

3. 팔춤 4번과 3번을 해서 7번이 된다. ('칠십' 하고 소리를 낸다.)

4. 어깨춤 3번과 2번을 해서 5번이 된다. ('오백' 하고 소리를 낸다.)

5. 다 한 후에는 수학나라 카드(백지 종이)에 써서 놓아 본다.

345 ＋ 233 ＝ 578

6. 교사가 제시하는 유사한 덧셈식을 보고 몸짓수로 표현한다.

＊ 아이 세 명이 나와서 각각의 자리 수대로 계산하는 몸짓수를 보여 줘도 좋다.

▪ 활동 6 여러 가지 방법으로 계산하기(역할극)

짝 두 명씩 수카드를 들고, 수가 되어서 활동한다. (백지 수카드 준비)

교사　280+310을 여러 가지 방법으로 계산해 보아요. 아이1은 280 , 아이2는 310 을
　　　각각 써서 더해 보세요.

1의 방법

아이1　나의 수 280 에 너의 수 300 을 먼저 더해 보자.

아이2　그러면 580 이 되네.

아이1　원래 네가 310 이었는데 300 을 더했으니 어쩌지?

아이2　그러면 10 을 더 줄게.

아이1　좋아. 그래서 590 이 되는구나.

2의 방법

아이2　너의 200 과 나의 300 을 먼저 더해 보자.

아이1　그러면 500 이 되네.

아이2　그런데 우리가 너의 80 과 나의 10 을 아직 안 더했네.

아이1　그래 80과 10을 더한 값이 90 이고, 500 과 합치면 590 이 되는구나.

역할극 한 내용을 토대로 교사가 식을 써서 설명을 하면 쉽게 이해를 한다.

■ 정리　의미 찾기

교사　잘했어요. 그러면 오늘 네모 풍선을 들고 합을 구하면서 생각하거나 느낀 점을 몸
　　　으로 표현해 보세요.

아이들　(자신들의 생각을 몸으로 표현하고 발표한다.)

19. 3위수 빼기 3위수

(색카드로 하니 금방 알겠네)

■ 들어가면서

1. 어떤 상황일 때 $-$ 뺄셈 부호를 사용하는가? 상황을 만들어 보기
2. ■ 2개에서 ■ 1개를 빼서 ■ 1개가 남는다고 말할 수 있는가?

■ 목표

세 자리 수의 뺄셈을 할 수 있다.

■ 준비물

교사 : 분홍, 파랑, 녹색 색카드($\frac{1}{2}$ 크기) 각 10장 정도, 백지 수카드 30장(A$_4$ $\frac{1}{2}$ 크기)

학생 : 분홍, 파랑, 녹색 색카드($\frac{1}{16}$ 크기) 각 10장 정도, 백지 수카드 30장(A$_4$ $\frac{1}{8}$ 크기)

■ 내용

기본적으로 우리가 사용하고 있는 수는 아라비아 수이고 이 수는 십진수를 사용하고 있다. 그러므로 십진수는 자리가 가장 중요하다. 뺄셈도 자리를 맞추어서 계산하는 것이 가장 중요하다. 자리를 색깔로 표현하고 동시에 아이들 스스로 수가 되어 활동함으로써 확실하게 이해할 수 있게 하였다.

■ 활동 1 녹색 네모 풍선

교사는 앞에 서고, 아이들은 자기 자리에 앉아 있다. 교사의 대사에 따라서 네모 풍선을 든 아이들이 나와서 줄을 서는 활동을 한다.

교사　500이 나와서 줄을 서 보세요.

아이들　(녹색 네모 풍선을 들고 5명이 나와서 줄을 선다.)

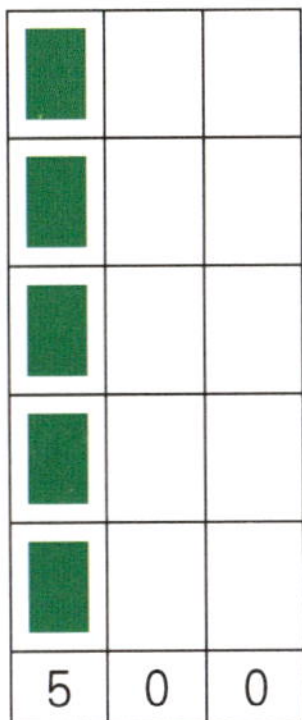

교사　여러분, 풍선 500개가 있었는데 300개가 날아갔어요. 풍선 몇 개가 남았을까요?

아이들　(녹색 네모 풍선 5개에서 300에 해당하는 녹색 네모 풍선 3개는 날아가는 모습을 하면서

　　　　사라진다. 아니면 친구들이 나와서 녹색 3개를 데리고 가도 된다.)

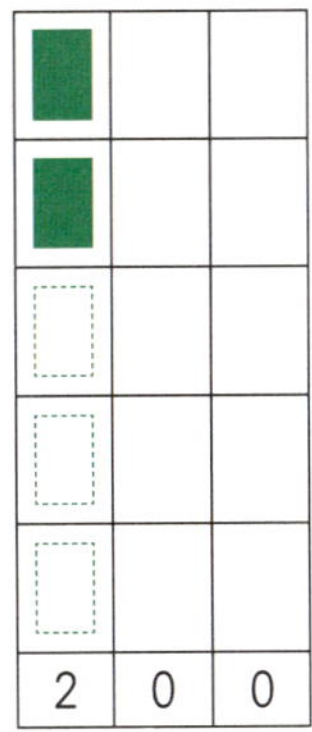

교사　얼마가 남았나요?

아이들　200개가 됩니다.

교사　수학나라 말로 표현하고 기린 아저씨가 볼 수 있게 세로셈으로도 표현하세요.

아이들　500　－　300　＝　200

```
    5 0 0
-   3 0 0
    2 0 0
```

- 활동 2 몸짓수 놀이

> **몸짓수 놀이** 뺄셈을 몸짓수로 표현하기
>
> · 준비_교사용 식카드
>
> · 활동
>
> 1. 교사가 ☐ 600 − 200 ☐ 의 식카드를 보여 준다.
> 2. 백의 자리 수 어깨춤 6번을 한 후 어깨춤 2번이 빠져나가는 몸짓(손바닥이 몸 밖으로 빠져나
>   가는 몸짓)을 한다.
> 3. 수학나라 말을 놓는다.
> 4. ☐ 600 ☐ ☐ − ☐ ☐ 200 ☐ ☐ = ☐ ☐ 400 ☐
> 5. 교사가 제시하는 유사한 뺄셈식을 보고 몸짓수로 표현한다.

- 활동 3 녹색 네모 풍선과 파랑 네모 풍선

교사는 앞에 서고, 아이들은 자기 자리에 앉아 있는다. 교사의 대사에 따라서 네모
풍선을 든 아이들이 나와서 줄을 서는 활동을 한다.

교사 나와서 350에 맞게 풍선 색깔별로 줄을 서 보세요.

아이들 (녹색 3개, 파랑 5개가 나와서 줄을 맞춰 선다.)

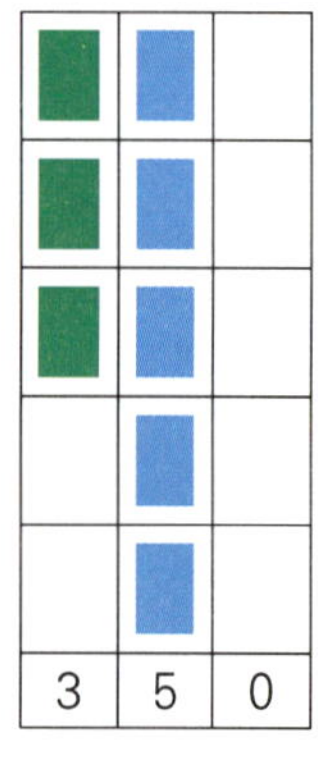
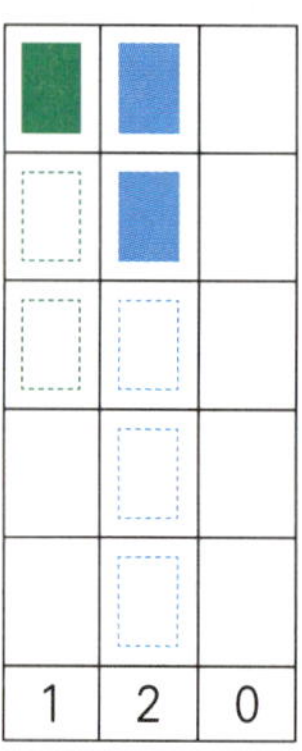

교사 바람이 불어서 230개가 날아갔어요.

아이들 (230에 해당하는 풍선들이 날아간다.)

교사 남은 풍선은 몇 개가 되나요?

116

교사 여러분, 수학나라 말로 표현하고 세로셈으로도 표현하세요.

아이들 알았어요.

```
    3 5 0
−   2 3 0
─────────
    1 2 0
```

교사 잘했어요. 그러면 제시하는 문제를 여러분이 직접 풍선을 들고 해결하도록 하세요.

수학나라 말로도 써 보세요.

1. 340 − 230

2. 670 − 140

3. 560 − 40

아이들 (모두 풍선을 들고 알맞은 자리 수에 서서 차를 구하고 수학나라 말도 놓는다.)

■ 활동 3 몸짓수 놀이

몸짓수 놀이 뺄셈을 몸짓수로 표현하기

· 준비_교사용 식카드

· 활동

1. 교사가 340 − 230 의 카드를 보인다.

2. 십의 자리 수 팔춤 4번을 한 후 팔춤 3번이 빠져나가는 몸짓(손바닥이 몸 밖으로 빠져나가는 몸짓)을 한다.

3. 백의 자리 어깨춤을 3번 한 후 어깨춤 2번이 빠져나가는 몸짓을 한다.

4. 어깨 1번, 팔춤 1번의 몸짓으로 얼마가 남았다는 표시를 한다.

5. 수학나라 말을 놓는다.

340 − 230 = 110

6. 교사가 제시하는 유사한 뺄셈식을 보고 몸짓수로 표현한다.

교사는 앞에 서고 아이들은 자기 자리에 앉아 있는다. 교사의 대사에 따라서 네모 풍선을 든 아이들이 나와서 줄을 서는 활동을 한다.

교사 이번에는 352를 표현할 거예요. 나와서 서 보세요.

아이들 (색카드를 들고 알맞게 선다.)

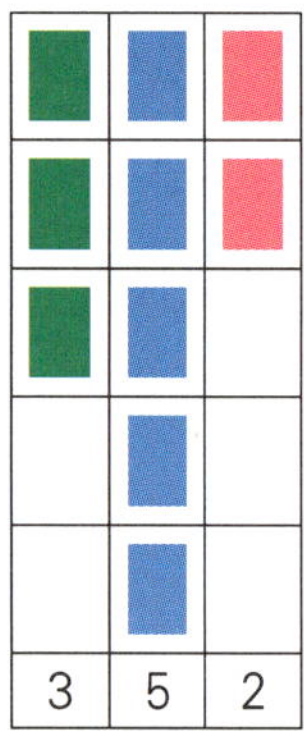

교사 그런데 다른 반 아이들이 풍선 231개를 들고 왔네요.

아이들 (색카드를 들고 알맞게 선다.)

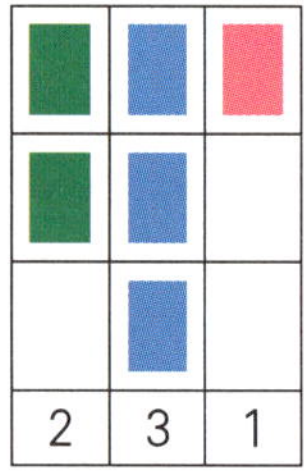

교사 그런데 어느 반이 얼마나 더 많이 갖고 있는지 알려면 어떻게 하면 좋을까요?

아이들 (각자의 생각을 발표한다.)

교사 우리 반과 다른 반이 똑같이 갖고 있는 부분을 제외하면 나머지 부분은 많이 갖고 있는 쪽이 될 거예요. 그러면 많은 쪽 반에서 다른 반의 것만큼 제자리에 앉으면 되겠네요.

아이들 (352개 중에서 231개에 해당하는 부분은 앉는다.)

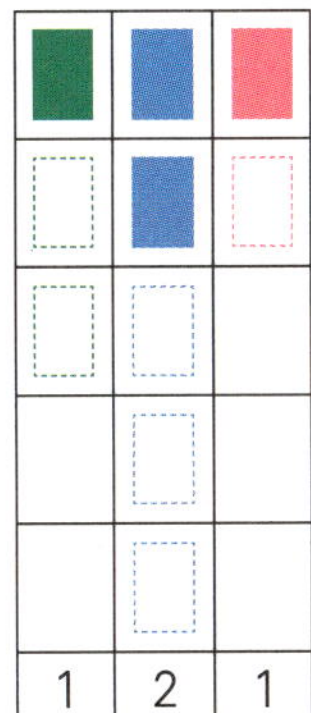

교사 우리 반이 몇 개가 더 많나요?

아이들 우리 반이 121개가 더 많습니다.

교사 여러분, 수학나라 말은 어디로 갔나요? 그런데 기호는 더하기를 쓰나요? 아니면 빼기를 쓰나요?

아이들 (각자의 생각을 발표한다.)

아이들 수학나라 말은 이렇게 쓰고요.

352 − 231 = 121

아이들 기린 아저씨가 볼 수 있게 세로셈을 쓰면 아래와 같습니다.

```
    3 5 2
 −  2 3 1
 ───────
    1 2 1
```

■ 활동 5 몸짓수 놀이

몸짓수 놀이 뺄셈을 몸짓수로 표현하기

· 준비_교사용 식카드

· 활동

1. 교사가 345 − 234 의 카드를 보인다.

2. 허리춤 5번을 춘 후 허리 4번이 날아가는 몸짓을 한다.

3. 십의 자리 팔춤을 4번을 한 후 팔춤 3번이 날아가는 몸짓을 한다.

4. 백의 자리 어깨춤 3번 춘 후 어깨춤 2번이 날아가는 몸짓을 한다.

5. 어깨 1번, 팔춤 1번, 허리 1번 몸짓으로 얼마가 남았다는 것을 표현한다.

6. 수학나라 말을 놓는다. 345 − 234 = 111

■ **활동 6** 여러 가지 방법으로 계산하기(역할극)

짝 두 명씩 수카드를 들고, 수가 되어서 활동한다. (백지 수카드 준비)

교사 270-120을 여러 가지 방법으로 계산해 보아요. 아이1은 $\boxed{270}$, 아이2는 $\boxed{120}$ 을 각

각 써서 빼기해 보세요.

1의 방법

아이1 나는 $\boxed{270}$ 이 있는데 $\boxed{120}$ 을 달라고? 계산하기 편하게 $\boxed{100}$ 을 줄게. 나는 $\boxed{170}$

이 남네.

아이2 아니야, $\boxed{20}$ 을 더 줘야 돼.

아이1 알았어. $\boxed{170}$ 에서 $\boxed{20}$ 을 또 주고 나니 $\boxed{150}$ 이 남는구나.

2의 방법

아이2 너의 수 $\boxed{270}$ 에서 $\boxed{120}$ 을 줄래.

아이1 알았어. 먼저 $\boxed{200}$ 에서 $\boxed{100}$ 을 줄게. 백의 자리 수는 $\boxed{100}$ 이 되네.

아이2 그런데 아직 $\boxed{20}$ 을 덜 주었잖아.

아이1 알았어. $\boxed{70}$ 에서 $\boxed{20}$ 을 주면 $\boxed{50}$ 이 남는구나. 그러면 나는 $\boxed{100}$ 하고 $\boxed{50}$

을 합쳐서 $\boxed{150}$ 이 되는구나.

> 역할극 한 내용을 토대로 교사가 식을 써서 설명을 하면 쉽게 이해를 한다.

■ **정리 6** 의미 찾기

교사 오늘 풍선을 들고 차를 구하면서 생각하거나 느낀 점을 몸으로 표현해 보세요.

아이들 (자신들의 생각을 몸으로 표현하고 발표한다.)

20. 어림수가 편하다

(사자와 치타가 나타났어요)

- **들어가면서**

  1. 한 개 9원인 사탕을 살 때 여러분은 주로 얼마를 냅니까?

  2. 과자 한 통이 95원일 때 여러분은 주로 얼마를 내고 거슬러 받습니까?

- **목표**

  상황에 따른 어림수의 개념을 이해할 수 있다.

- **준비물**

  녹색, 파랑, 분홍 색도화지($\frac{1}{16}$ 크기) 개인 10장 준비, 백지 수카드 30장(A_4 $\frac{1}{8}$ 용지),

- **내용**

이 제재는 교과서에서 단원으로 나오는 제재는 아니다. 교과서에서 덧셈과 뺄셈을 공부하는데 어림수로 먼저 가르치고 있다. 어림수를 이해하는 데 일상생활의 예나 이야기를 통하면 쉽게 이해를 한다.

- **활동 1** 누가 빨리 사탕을 살 수 있을까?

  4명 혹은 6명 모둠이 되어서 가게 놀이를 한다. 한 사람은 상인이 되고, 다른 사람은 물건을 산다. 물건 값은 교사가 미리 칠판에 써 준다.

  연필 1자루 : 9원, 지우개 1개 : 18원, 필통 1개 : 97원

  교사 물건 값을 빨리 내는 사람이 물건을 살 수 있습니다. 가게 놀이를 하세요.

  아이들 (모둠끼리 물건을 사고 파는 활동을 한다.)

  교사 물건을 산 사람은 값을 어떻게 지불했나요?

아이들 (각자 대답을 한다.)

교사 물건을 사고팔 때 쉽게 사고팔려면 어떤 수를 찾아야 할까요?

아이들 (각자 대답을 한다.)

▪ **활동 2 누가 사자의 위협을 피할 수 있을까요?**

반 전체 활동으로 교사의 해설에 따라 움직이며 백지 수카드 30장(A$_4$ $\frac{1}{8}$ 용지)를 준비해서 알맞은 수를 써서 몸을 피하는 활동이다.

교사 우리가 탐험하는 곳은 사자가 많이 나타나는 곳입니다. 지금은 사자가 낮잠을 자니까 발을 조용히 움직여야 해요. 사자가 깨면 내 신호에 따라 빨리 굴을 찾아가도록 해요. 굴은 여러분이 수카드에 수를 알맞게 쓰면 됩니다. 굴은 10미터 간격으로 있습니다. 자, 지금은 152미터까지 왔습니다. 사자가 나타났어요. 어느 굴에 들어갈래요. 빨리 수를 써서 들어요.

아이들 (각자 수를 써서 들도록 한다.)

교사 150미터라고 쓴 사람만 사자에게 안 잡혔어요. 안 잡힌 사람은 또 가요. 그런데 사자가 배가 안 고픈가 봐요. 모두 살려 주네요. 자 모두 출발! 696미터까지 왔어요. 여러분, 저기 사자가 또 깼어요. 빨리 굴에 숨어요.

아이들 (각자 수를 써서 들도록 한다.)

교사 700미터라고 쓴 사람만 살았어요. 산 사람은 손을 들어 봐요.

아이들 (굴에 잘 피한 아이들은 손을 든다.)

교사 어떻게 살게 되었는지 설명해 보세요.

아이들 (각자의 생각을 발표한다.)

＊유사한 활동을 많이 한다.

▪ **활동 3 누가 치타의 위협을 피할 수 있을까요?**

교사 치타는 사자보다 더 빨라요. 잠깐 동안 100미터를 달릴 수 있어요. 그래서 굴은 100미터 간격으로 있어요. 자 출발! 175미터까지 왔어요. 치타가 보여요. 빨리 굴에 들어가요.

아이들 (각자 수를 써서 들도록 한다.)

교사 200미터라고 쓴 사람만 살았습니다. 알겠어요. 처음이라서 치타가 살려 준대요. 다시 갑니다. 512미터까지 왔는데 치타가 또 보여요. 빨리 수를 들어요.

아이들 (각자 수를 써서 든다.)

교사 500미터라고 쓴 사람만 살았어요.

교사 어떻게 살게 되었는지 설명해 보세요.

아이들 (각자의 생각을 발표한다.)

*유사한 활동을 많이 한다.

■ 정리 의미 찾기

교사 어림수에 대한 생각을 몸짓으로 표현을 하고 발표하세요.

아이들 (각자의 생각을 발표한다.)

tip

2학년 과정에서는 10을 단위로, 또 100을 단위로 어림수를 찾는 내용이 나온다. 위의 활동을 여러 번 반복하는 동안 아이들 스스로 어림수의 개념을 체득하도록 돕는 것이 중요하다.

21. 받아올림이 두 번 있는 3위수 더하기 3위수 (두 번 이사 가네)

▪ 들어가면서

　1. 우리들이 사용하는 숫자 중에서 제일 큰 숫자는 무엇일까?

　2. 제일 큰 숫자에 한 개가 합해지면 그 수는 그 자리에 있어도 될까?

▪ 목표

　받아올림이 있는 세 자리 수의 덧셈을 할 수 있다.

▪ 준비물

　교사 : 분홍, 파랑, 녹색 색카드($\frac{1}{2}$ 크기) 각 10장 정도

　학생 : 분홍, 파랑, 녹색 색카드($\frac{1}{16}$ 크기) 각 10장 정도, 백지 수카드 30장(A$_4$ $\frac{1}{8}$ 용지)

▪ 내용

　덧셈과 뺄셈에서 가장 중요한 것은 자리 수에 대한 개념이다. '10'이 되면 그 자리에 있지 못하고 한 자리 올라가야 하는 것이 십진수이다. '111'은 똑같은 숫자 '1'이지만 첫째 자리와 셋째 자리의 양의 차이는 99가 된다. 그래서 자리에 따라 다른 색깔을 보여 주는 것은 시각적으로 큰 효과가 있는 것이다.

　받아올림이 있는 세 자리 수의 덧셈에서 색카드(네모 풍선)를 들고 직접 받아올리는 과정을 확인함으로 덧셈의 계산 과정을 확실하게 이해할 수 있을 것이다.

　백지 수카드는(A$_4$ $\frac{1}{8}$ 용지) 넉넉하게 준비하고, 여기에 수학나라 말(식)을 쓰도록 하면 아이들이 수학나라 말(식) 대한 개념을 잘 이해할 수 있게 된다. 이 활동이 번거롭고, 의미없게 보이지만 아이들이 백지 카드에 수와 기호를 직접 쓰고 또한 식으로 놓아 보는 활동을 하는 가운데 $\boxed{+}$, $\boxed{=}$ 의 개념을 확실히 이해하는 모습을 발견하게 될 것이다.

■ **활동 1** 다람쥐가 주운 도토리의 수

교사는 앞에 서고, 아이들은 자기 자리에 앉아 있는다. 교사의 대사에 따라서 네모 풍선을 든 아이들이 나와서 줄을 서는 활동을 한다.

교사 여러분, 엄마 다람쥐는 도토리를 316개 주웠고, 아기 다람쥐는 도토리를 45개 주웠어요. 모두 몇 개를 주웠을까요? 먼저 316을 줄을 세워 봐요.

아이들 (색카드를 들고 줄을 선다.)

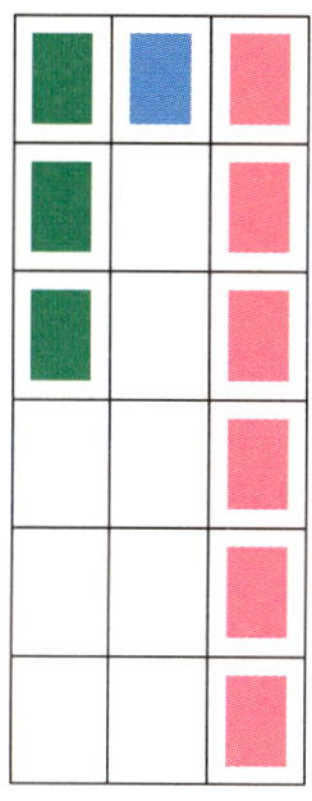

교사 '45'도 줄을 서 보세요.(같은 색카드를 든 사람끼리 위의 316과 마주 보며 줄을 선다.)

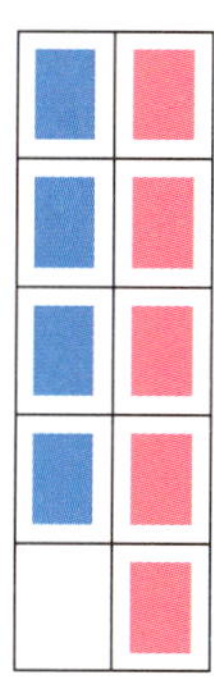

교사 여러분, 자리를 잘 맞추어서 줄을 잘 섰어요. 그러면 이 도토리가 모두 몇 개일까 합을 구하는데 가장 중요한 것이 무엇이라고 생각하나요?

아이들 (자기들의 생각을 발표한다.)

교사 그러면, 색깔을 맞추어서 합을 구해 보세요.

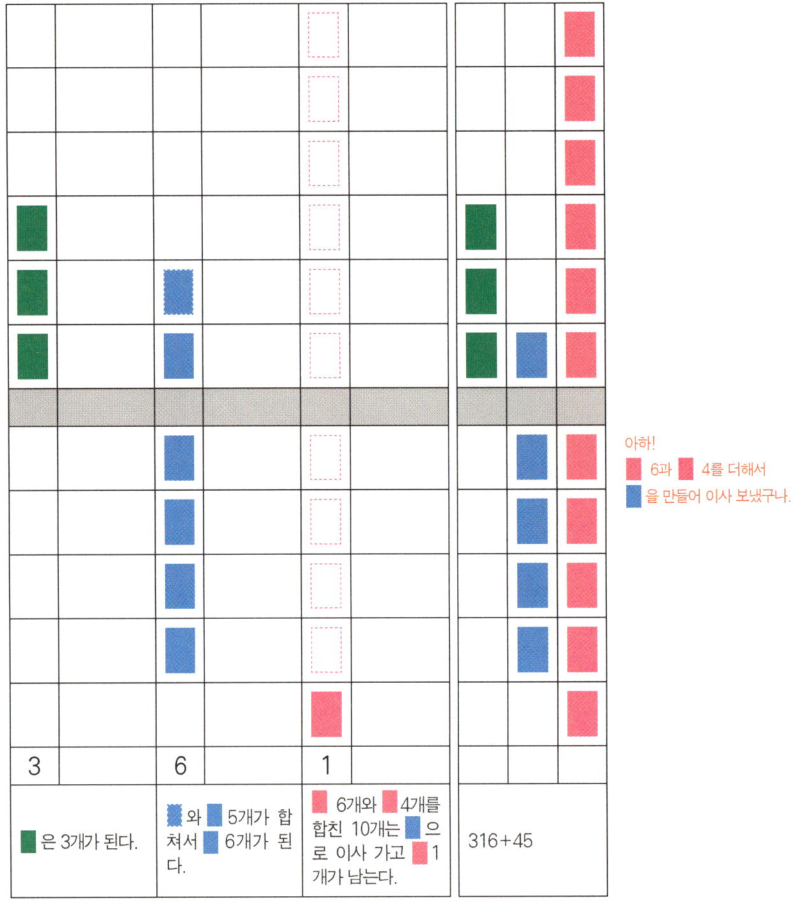

아이들 도토리는 합하여 361개가 됩니다.

교사 수학나라 말은 어떻게 써야 할까요?

아이들 | 316 | + | 45 | = | 361 |

교사 기린 아저씨가 볼 수 있는 세로셈은요?

$$
\begin{array}{r}
1 \\
3\,1\,6 \\
+\quad 4\,5 \\
\hline
3\,6\,1
\end{array}
$$

(아이들이 나와서 세로셈에 대해 자세히 설명하는 시간을 갖는다.)

> **몸짓수 놀이** 덧셈을 몸짓수로 표현하기
>
> · 준비_교사용 식카드
>
> · 활동
>
> 1. 교사가 | 316 + 48 | 식카드를 보인다.
>
> 2. 일의 몸짓 허리춤 6번, 그리고 4번을 해서 10번은 팔춤으로 올라간다. '짠' 소리와 함께 노
>   바디 몸짓으로 올린다. 그리고 허리춤 4번을 한다.
>
> 3. 십의 몸짓 팔춤을 1번, 그리고 4번을 한다. 올라간 것하고 합쳐서 '육십' 하고 소리를 낸다.
>
> 4. 백의 몸짓 어깨를 3번 친다. ('삼백' 하고 소리를 낸다.)
>
> 5. 모두 합해서 얼마가 되는지 다시 몸짓수로 해 본다. 다 한 후에는 수학나라 카드로 놓아 본다.
>
> 6. | 316 | + | 48 | = | 364 |

▪활동 3 청솔모가 주운 도토리의 수

교사는 앞에 서고, 아이들은 자기 자리에 앉아 있는다. 교사의 대사에 따라서 네모 풍선을 든 아이들이 나와서 줄을 서는 활동을 한다.

교사 여러분, 엄마 청솔모는 도토리를 256개 주웠고, 아기 청솔모는 도토리를 153개 주
웠어요. 청솔모네 식구들이 주운 도토리는 모두 몇 개일까요? 먼저 256 줄을 서 보
아요.

아이들 (색카드를 들고 나와서 줄을 선다.)

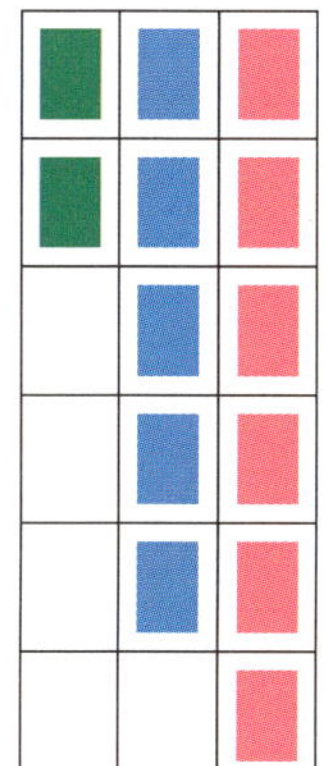

교사 '153'도 줄을 서 보세요.

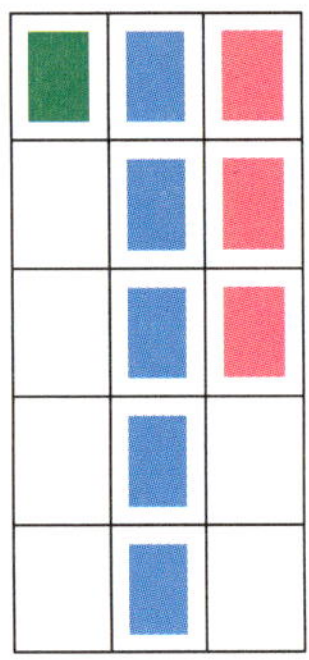

교사 여러분, 자리를 맞추어서 줄을 잘 섰어요. 그러면 이 도토리가 모두 몇 개일까 구해
보도록 해요. 합을 구하는데 가장 중요한 것이 무엇이라고 생각하나요?

아이들 (자기들의 생각을 발표한다.)

교사 그러면, 색깔을 맞추어서 합을 구해 보세요. 합하면 모두 몇 개가 될까요?

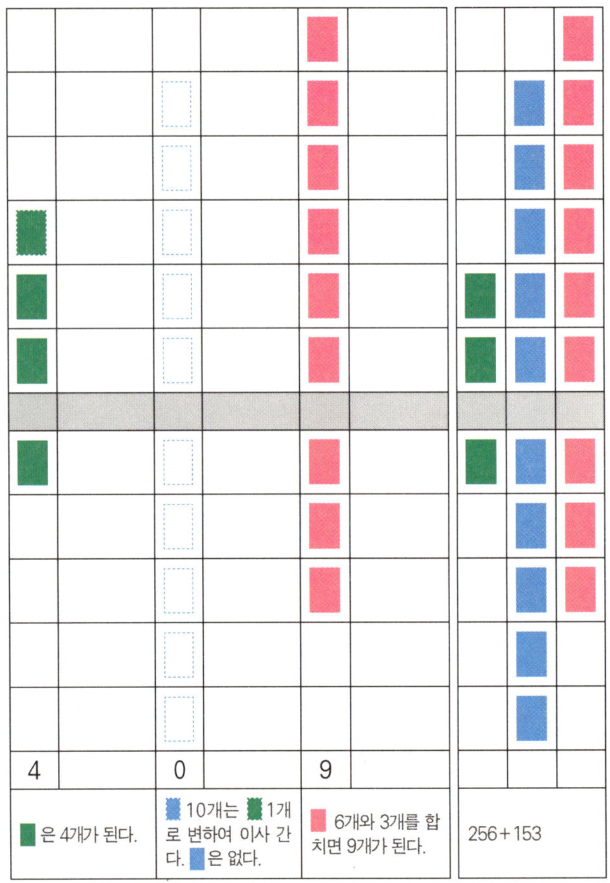

아이들   도토리는 합하여 409개가 됩니다.

교사   수학나라 말은 어떻게 써야 할까요?

아이들   256   +   153   =   409

교사   기린 아저씨가 볼 수 있는 세로셈은요?

$$
\begin{array}{r}
1\;\;\;\;\\
2\;5\;6\\
+\;\;1\;5\;3\\
\hline
4\;0\;9
\end{array}
$$

(아이들이 나와서 세로셈에 대해 자세히 설명하는 시간을 갖는다.)

■ **활동 4** 두꺼비가 잡아먹은 파리의 수

교사는 앞에 서고, 아이들은 자기 자리에 앉아 있다. 교사의 대사에 따라서 네모 풍선을 든 아이들이 나와서 줄을 서는 활동을 한다.

교사   엄마 두꺼비는 하루 종일 파리를 176마리 잡아서 먹었어요. 그리고 아기 두꺼비는 145마리 파리를 잡아먹었어요. 이 두꺼비들이 하루 종일 먹은 파리의 수는 몇 마리가 될까요?

교사   176과 145는 줄을 서 보세요.

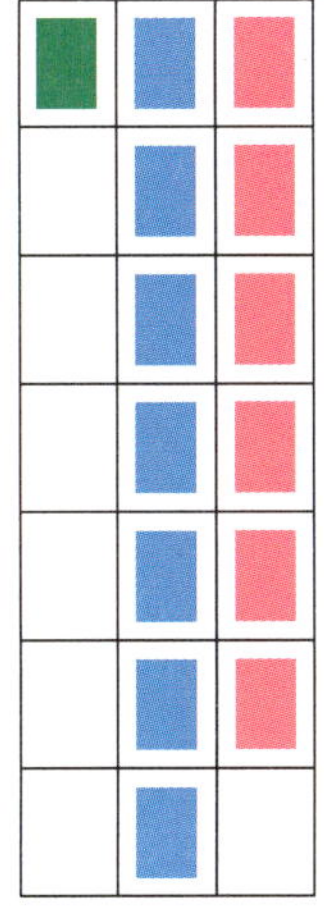 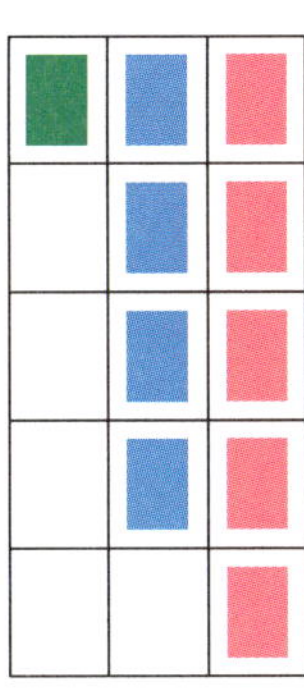

교사　여러분 자리를 잘 맞추어서 줄을 섰어요. 그러면 이 파리가 모두 몇 마리일까 구해
　　　보도록 해요. 합을 구하는 데 가장 중요한 것이 무엇이라고 생각하나요?

아이들　(자기들의 생각을 발표한다.)

교사　그러면, 색깔을 맞추어서 합을 구해 보세요.

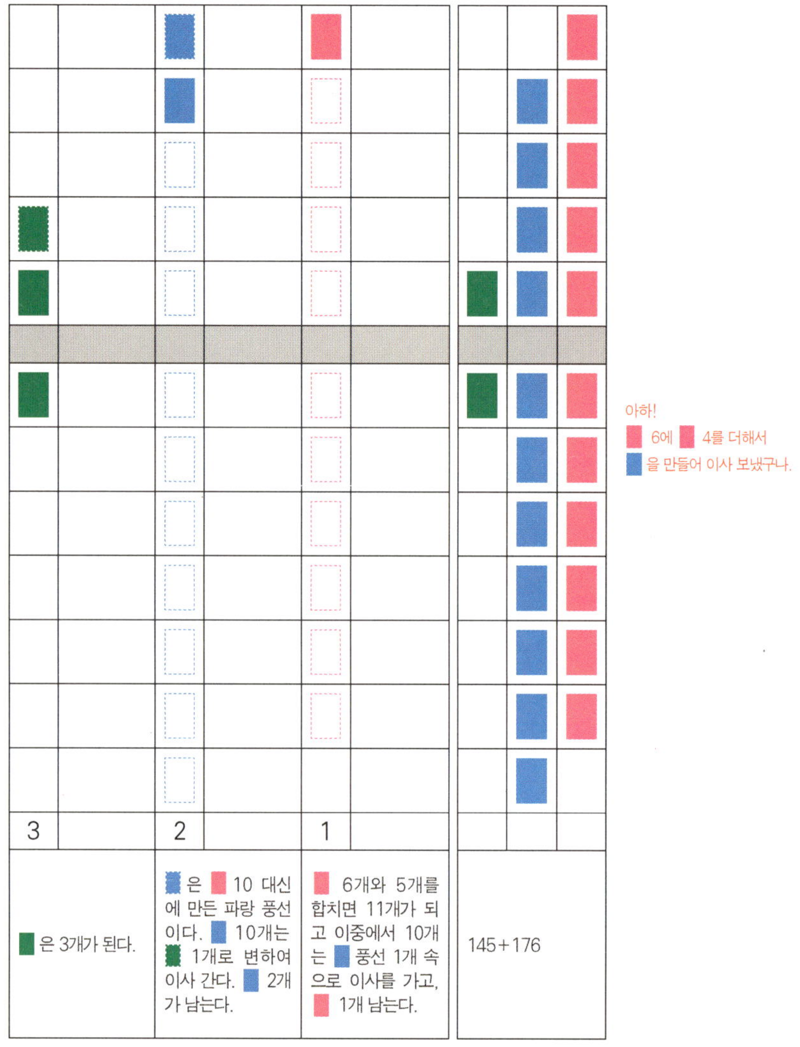

아이들　파리는 합하여 321마리가 됩니다.

교사　수학나라 말은 어떻게 써야 할까요?

아이들　176 + 145 = 321

교사　기린 아저씨가 볼 수 있는 세로셈은요?

$$
\begin{array}{r}
{\scriptstyle 1\ 1} \\
1\ 7\ 6 \\
+\ \ 1\ 4\ 5 \\
\hline
3\ 2\ 1
\end{array}
$$

(아이들이 나와서 세로셈에 대해 자세히 설명하는 시간을 갖는다.)

- **활동 5** 여러 가지 방법으로 계산하기(역할극)

짝 두 명씩 수카드를 들고, 수가 되어서 활동한다. (백지 수카드 준비)

교사 295+417을 여러 가지 방법으로 계산해 보아요. 아이1은 295 , 아이2는 417 을 각
각 써서 빼기해 보세요.

1의 방법

아이1 나의 수 295 를 300 으로 생각하고 너의 수 417 과 더해 보자.

아이2 그러면 717 이 되네.

아이1 원래 내가 295 였는데 300 을 더했으니 어쩌지?

아이2 그러면 5 를 빼 주면 되잖아.

아이1 맞아. 그래서 717 에서 5 를 빼 줘서 712 가 되는구나.

2의 방법

아이2 너는 290 으로 생각하고, 나는 410 으로 생각해서 더해 보자.

아이1 그러면 700 이 되네.

아이2 그런데 우리가 5 와 7 을 아직도 안 더했네.

아이1 그래 5와 7 더한 값이 12 이고, 700 과 합치면 712 가 되는구나.

역할극 한 내용을 토대로 교사가 식을 써서 설명을 하면 쉽게 이해를 한다.

22. 받아내림이 두 번 있는 3위수 빼기 3위수 (두 번 해체)

▪ **들어가면서**

1. ■ 1개는 ■ 몇 개와 같은가?
2. ■ 1개는 ■ 몇 개와 같은가?

▪ **목표**

받아내림이 두 번 있는 세 자리 수의 뺄셈을 할 수 있다.

▪ **준비물**

교사 : 분홍, 파랑, 녹색 색카드($\frac{1}{2}$ 크기) 각 10장 정도, 백지 수카드(A$_4$ $\frac{1}{2}$ 크기)

학생 : 분홍, 파랑, 녹색 색카드($\frac{1}{16}$ 크기) 각 10장 정도, 백지 수카드 30장(A$_4$ $\frac{1}{8}$ 크기)

▪ **내용**

받아내림이 있는 과정은 아이들이 직접 색카드를 들고 나와서 몸으로 해 보면 더 재미있고 완전하게 이해를 할 수 있다.

▪ **활동 1 토끼와 거북이의 걸음 차이**

교사는 앞에 서고, 아이들은 자기 자리에 앉아 있는다. 교사의 대사에 따라서 색카드를 든 아이들이 나와서 줄을 서는 활동을 한다. (개별 학습 : 혼자서 색카드 놓기)

교사 토끼가 772걸음을 갔어요. 색카드를 들고 나와서 서 보세요.

아이들 (색카드를 들고 나와서 줄을 선다.)

교사 그런데 거북이는 19걸음밖에 가지 못했어요. 토끼가 몇 걸음을 더 많이 갔을까요? 어떻게 하면 좋을까요?

아이들 (각자의 생각을 발표한다.)

 그러면 772개 중에서 거북이 걸음 19개에 해당하는 것만 그 자리에 앉고, 나머지 서 있는 색카드들이 무엇이 될까요?

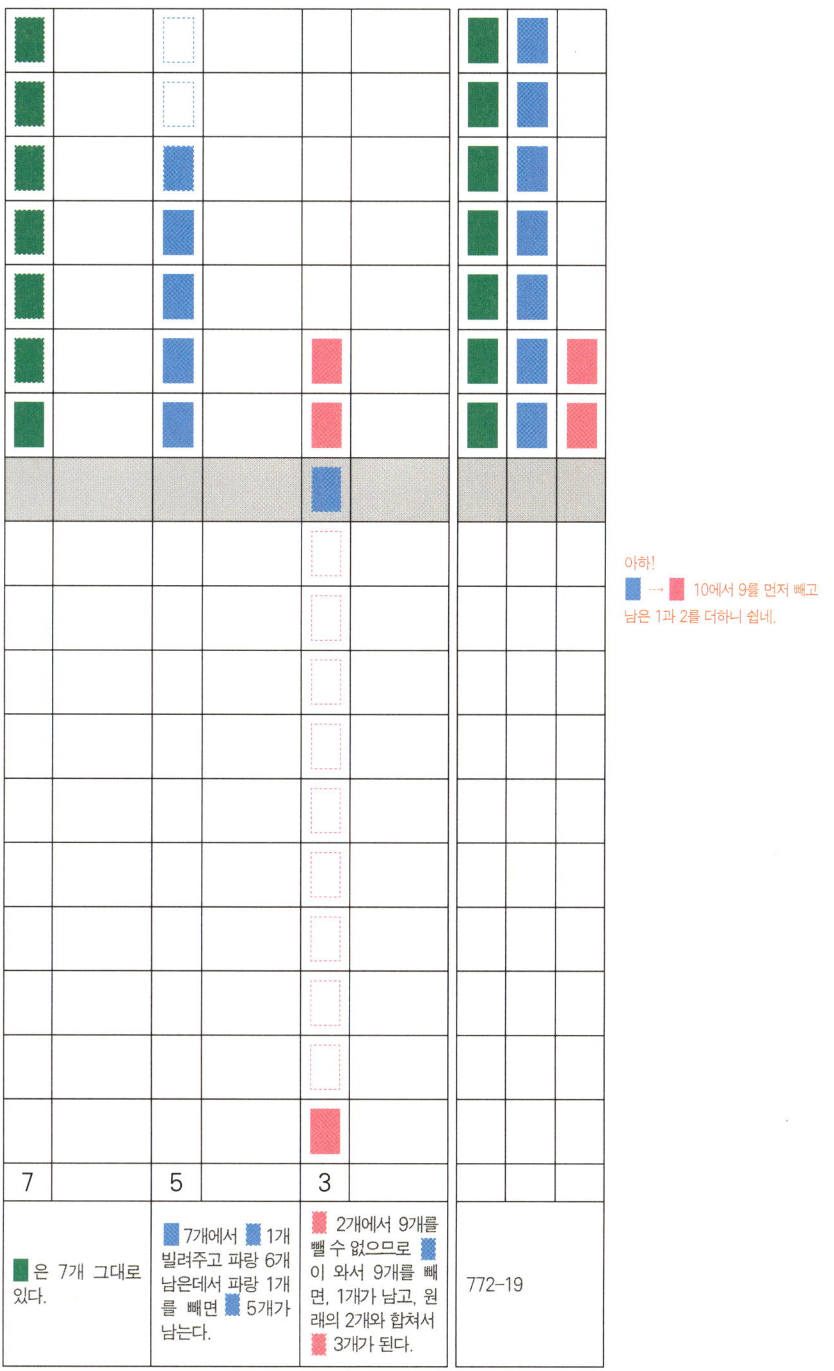

133

교사 얼마가 남았나요?

아이들 753개가 남습니다.

교사 수학나라 말로 표현하고 기린 아저씨가 볼 수 있게 세로셈으로도 표현하세요.

아이들 | 772 | − | 19 | = | 753 |

$$
\begin{array}{r}
7\ \cancel{7}\ 2 \\
-\ \ \ 1\ 9 \\
\hline
7\ 5\ 3
\end{array}
$$

■ 활동 2 몸짓수 놀이

몸짓수 놀이 뺄셈을 몸짓수로 표현하기

· 준비_교사용 식카드

· 활동

1. 교사가 | 772 − 19 | 의 식카드를 보인다.

2. 일의 자리 수 허리춤 2의 몸짓을 한다. 그리고 9를 빼야 하는데 뺄 수 없으므로 팔춤에서 '쿵' 하면서 노바디 몸짓으로 아래로 내려보낸다. 9개를 먼저 뺀 후 1개가 남고, 또 2개를 더해서 3개가 된다.

3. 팔춤 6개를 하고 그중에서 1개가 빠져나가는 몸짓을 한다. (빠져나가는 몸짓은 손이나 팔이 밖으로 나가는 듯한 몸짓을 한다.)

4. 어깨춤은 7번을 그대로 한다.

5. 수학나라 말을 놓는다.

| 772 | − | 19 | = | 753 |

6. 교사가 제시하는 유사한 뺄셈식을 보고 몸짓수로 표현한다. (534-18, 621-15, 435-17 등)

* 뺄셈을 몸짓수로 표현하는 것에 특별하거나 일정한 방법은 없다. 아이들이 자유롭게 식을 보고 자기만의 몸짓 놀이로 알아 가도 좋다. 다만 몸짓수로 표현해 봄으로써 자리 수를 체득하고 또 빌려 온 것에서 먼저 빼 주는 뺄셈 방법을 몸짓수를 통해서 스스로 알아 가는 데 목적이 있다.

■ 활동3 다람쥐와 돼지의 걸음 차이

교사는 앞에 서고, 아이들은 자기 자리에 앉아 있는다. 교사의 대사에 따라 색카드를 든 아이들이 나와서 줄을 서는 활동을 한다.

교사 다람쥐가 246걸음을 갔어요. 색카드를 들고 나와서 서 보세요.

아이들 (색카드를 들고 나와서 줄을 선다.)

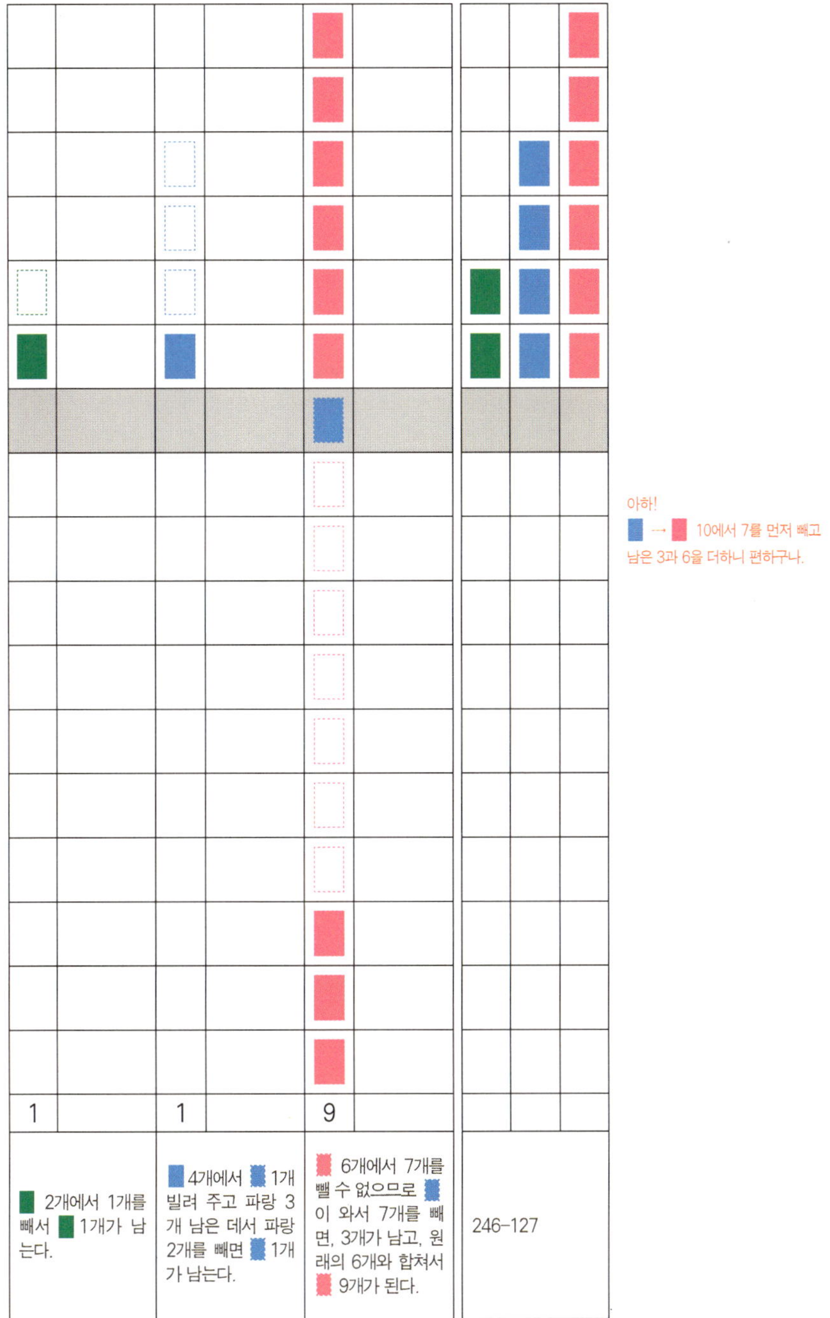

교사 그런데 돼지는 127걸음을 갔어요. 다람쥐가 몇 걸음을 더 많이 갔을까요? 어떻게
하면 좋을까요?

아이들 (각자의 생각을 발표한다.)

교사 246개 중에서 돼지 걸음 127개에 해당하는 것만 그 자리에 앉고, 나머지 선 색카드
들이 다람쥐 걸음이 되겠네요.

교사 몇 개가 남는지 수학나라 말로 보여 주세요.

아이 1 알았어요.

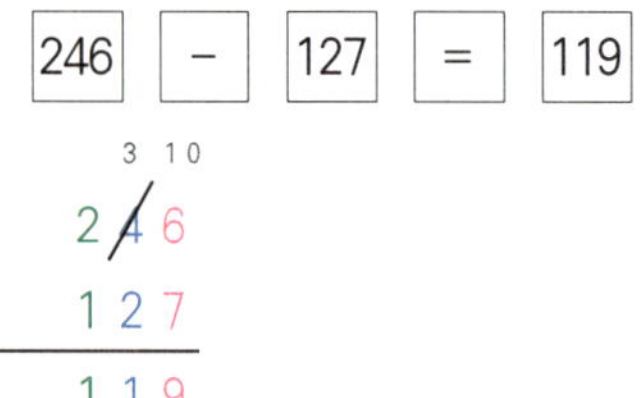

교사 잘했어요. 그러면 아래 문제를 여러분이 직접 풍선을 들고 해결하도록 하세요. 수
학나라 말로 써야 합니다.

1. 345 - 217

2. 672 - 148

3. 560 - 46

■ **활동 4** 사자와 기린의 걸음 차이

교사는 앞에 서고, 아이들은 자기 자리에 앉아 있는다. 교사의 대사에 따라 색카드
를 든 아이들이 나와서 줄을 서는 활동을 한다.

교사 사자가 552걸음을 갔어요. 색카드를 들고 나와 서 보세요.

아이들 (색카드를 들고 나와서 줄을 선다.)

교사 그런데 기린은 374걸음을 갔어요. 사자가 몇 걸음을 더 많이 갔을까요? 어떻게 하
면 좋을까요?

아이들 (각자의 생각을 발표한다.)

교사 그러면 552개 중에서 기린 걸음 374개에 해당하는 것만 그 자리에 앉고, 나머지 서
있는 색카드들이 사자 걸음이 많은 것이 되겠네요. 그것을 세면 되겠네요.

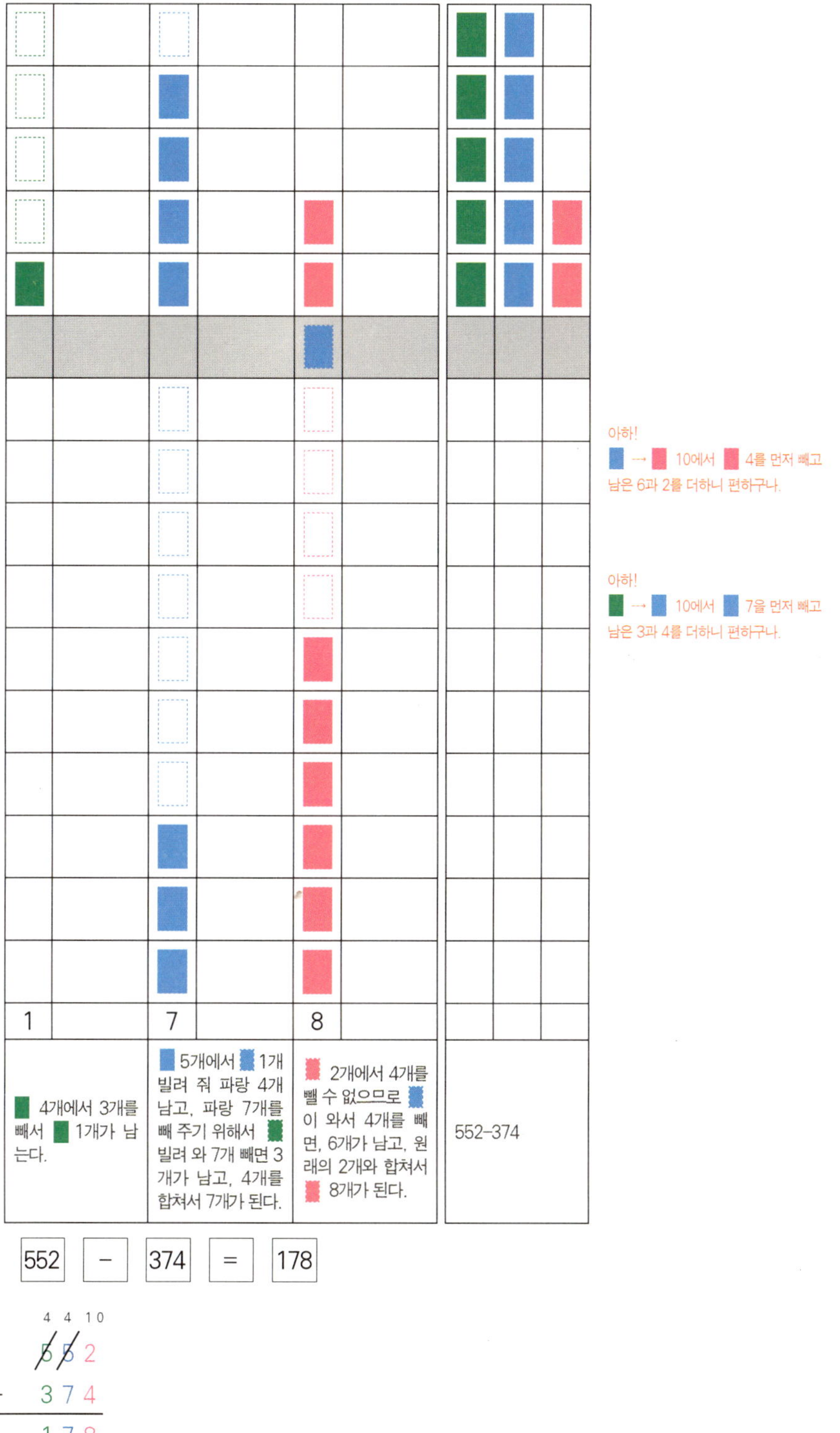

$$552 - 374 = 178$$

$$\begin{array}{r} \,4\;4\;10 \\ \,\cancel{5}\;\cancel{5}\;2 \\ -\;3\;7\;4 \\ \hline 1\;7\;8 \end{array}$$

▪ 활동 5 여러 가지 방법으로 계산하기 (역할극)

짝 두 명씩 수카드를 들고, 수가 되어서 활동한다.

교사 642-498을 여러 가지 방법으로 계산해 보아요. 아이1은 642 , 아이2는 498 을 각

각 써서 빼기해 보세요. 백지 수카드로 준비하세요.

1의 방법

아이1 나는 642가 있는데 498을 달라고? 계산하기 편하게 500 을 줄게. 나는 142 가

남네.

아이2 아니야, 498만 받으면 되는데 500 을 받았으니 2 를 돌려줄게.

아이1 고마워. 142 에서 2 를 돌려받았으니 144 가 되는구나.

아이1, 2 이렇게 하니까 간단하고 쉽네.

2의 방법

아이2 나의 수 498 에서 2 를 더해서 500 을 만들었다. 공평하게 너도 2 를 더

해 보렴.

아이1 알았어. 나도 2 를 더해서 644 가 되었다.

아이2 그러면 너의 644 에서 나에게 500 을 주렴.

아이1 알았어, 나는 144 가 남는구나.

아이1, 2 이렇게 하니까 간단하고 쉽네.

> 역할극 한 내용을 토대로 교사가 식을 써서 설명을 하면 쉽게 이해를 한다.

▪ 정리 의미 찾기

교사 오늘 뺄셈을 공부하면서 생각하거나 느낀 점을 몸으로 표현해 보세요.

아이들 (자신들의 생각을 몸으로 표현하고 발표한다.)

23. 10000까지의 수
(노랑, 녹색, 파랑, 분홍 색카드로 안 되네)

▪ **들어가면서**

1. 네 자리 수는 숫자 몇 개의 모임인가?

2. 1000은 몇 자리 수인가?

▪ **목표**

네 자리 수와 10000에 대해서 이해할 수 있다.

▪ **준비물**

교사 : 분홍, 파랑, 녹색 색카드($\frac{1}{2}$ 크기) 각 10장 정도, 백지 수카드 30장(A₄ $\frac{1}{2}$ 크기)

학생 : 분홍, 파랑, 녹색 색카드($\frac{1}{16}$ 크기) 각 10장 정도, 백지 수카드 30장(A₄ $\frac{1}{8}$ 크기)

▪ **내용**

네 자리 수 1000을 배우는 단계이다. 자리 수에 따라 색깔이 다른 네모 풍선(상상의 풍선 : 네모 색도화지)을 사용한다. 그리고 학습자들이 직접 수가 되어 나와서 알맞은 자리에 서 보고, 그 자리에서 10개가 되면 자리 이동을 해 보면서 일의 자리, 십의 자리, 백의 자리, 천의 자리에 대해서 확실한 개념을 갖게 된다.

이 과정은 반드시 1학년 1학기의 십진수 드라마를 해 보고, 또한 두 자리 수와 세 자리 수에 대해서 공부한 다음 진행하도록 한다.

▪ **활동 1** 풍선을 갖고 줄을 서 봐요

교사는 활동을 안내하고 아이들은 녹색과 파랑과 분홍색 풍선을 갖고 교사의 안내에 따라 활동한다. (개별 학습일 때는 $\frac{1}{16}$ 색카드를 놓아 보면서 하도록 한다.)

교사 '650'을 표현할 거예요. 나와서 줄을 서 보세요. 수카드를 놓아 보세요.

아이들 (알맞은 색깔의 카드를 들고 나와서 줄을 선다.) 650

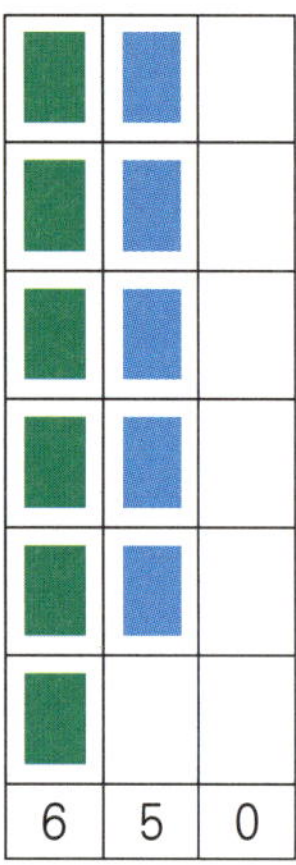

6	5	0

교사 이번에는 713을 표현할 거예요. 나와서 줄을 서 봐요. 713

아이들 (나와서 줄을 선다.)

교사 이번에는 999를 표현할 거예요. 나와서 줄을 서 봐요.

아이들 (나와서 줄을 선다.)

*이때 학급 재적 수가 모자라면 분홍 카드 1장에 9 라고 써서 한 명이 서도 된다.

■ 활동 2 1명이 더 왔어요.

'1000' 만들기는 86쪽에서 공부했다. 복습의 과정을 거치도록 한다.

> 이 과정은 9에서 10이 되는 과정과 99에서 100이 되는 과정과 같이 하면 된다. 999에서 1명이 더 오는 1000은 노랑 색카드로 준비한다. 혹시 학급 인원수가 이 과정을 모두 보여 주기에 부족하면 분홍 카드에 9 , 파랑 카드에 9 라고 쓰고 녹색만 9명이 카드를 들고 나와서 활동을 해 보면 된다.

■ 활동 3 몸짓수

교사 100의 몸짓수를 하세요.

아이들 (어깨춤을 한 번 춘다.) (사진은 이 책 마지막 쪽에 있다.)

교사 (200, 300, 400, 500, 600, 700, 800, 900까지 부른다.)

아이들 (교사의 부르는 수에 따라 어깨춤을 춘다.)

140

교사 어깨춤이 열 번일 때 몸짓수는 어디일까요?

아이들 (자기들의 생각을 발표한다.)

교사 어깨춤이 열 번이면 열은 그 자리에 있을 수 없으므로 머리로 가서 머리춤 한 번이
       됩니다. 그리고 천이 되며 '1000'이라고 씁니다. '1000'은 '100'의 몇 배일까요?

아이들 (자기들의 생각을 발표한다.)

■ 활동 4 노랑, 녹색, 파랑, 분홍 풍선을 이용해서 줄을 서 보세요

교사는 활동을 안내하고 아이들은 노랑과 녹색과 파랑과 분홍색 풍선을 갖고 교사
의 안내에 따라 활동한다.(개별 학습일 때는 $\frac{1}{16}$ 색카드를 놓아 보면서 하도록 한다.)

교사 1121 풍선을 들고 나와서 줄을 서 보고 수카드를 놓아 보세요.

아이들

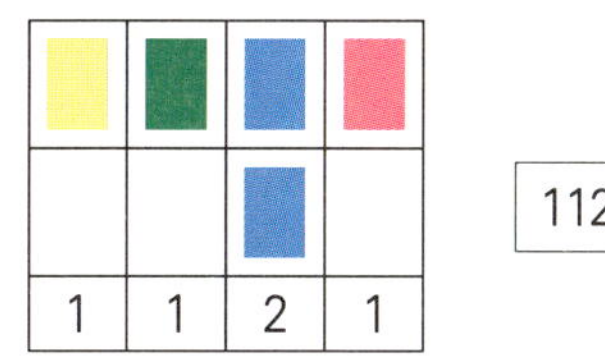

교사 1500 나와서 줄을 서 보세요. (5003, 4025 등)

아이들 (줄을 설 때 빈 공간은 남겨 둔다.)

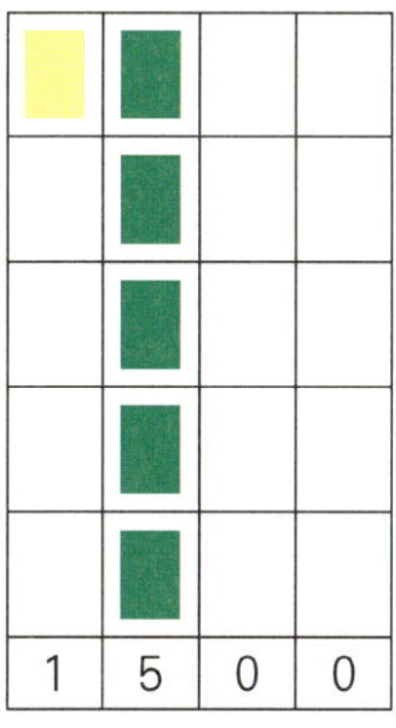 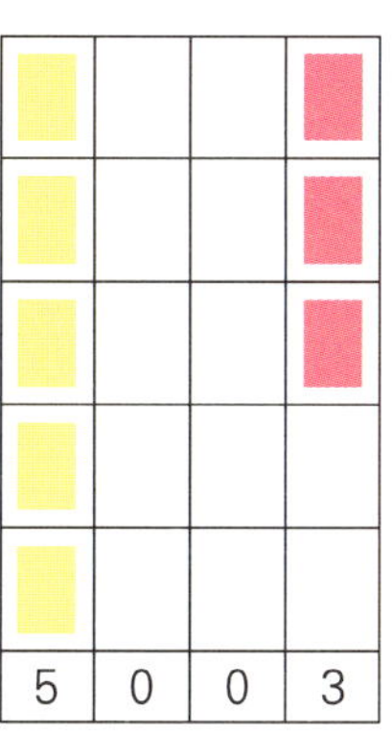 

▪ 활동 5 '10000'이 되는 색카드 놀이

노랑, 초록, 파랑, 분홍 색도화지를 준비한다.

교사 색카드 놀이를 해 볼까요.

9 9 9 9 에서 분홍색 1개가 더 오면 어떻게 될까요?

① 분홍색이 10개가 되면 파랑 1개가 되어 파랑으로 이사를 갑니다.

② 파랑이 10개가 되면 녹색 1개가 되어 녹색으로 이사를 갑니다.

③ 녹색이 10개가 되면 노랑 1개가 되어 노랑으로 이사를 갑니다.

④ 노랑이 10개가 되면 '만'(10000)이 됩니다.

더 이상의 색카드를 만드는 것은 복잡하다. 어떻게 하면 좋을까요?

아이들 (자신들의 생각을 발표한다.)

교사 원래의 ▨ 색카드의 왼쪽 윗부분을 접은 후 ◣ 일만이라고 하자.

아이들 (자기들의 카드 왼쪽을 접어 본다.)

교사 몸짓수에서 일만은 어떻게 표현하면 좋을까요.

아이들 (자신들의 생각을 발표한다.)

교사 몸짓수도 1000이 머리이므로, 일만은 다시 허리로 내려오도록 합니다. 그리고 허리를 한 번 치면서 '일만'이라고 소리를 내요. 더 자세한 내용은 4학년에 가서 배우도록 할게요.

▪ 활동 6 뛰어 세기

교사는 활동을 안내하고 아이들은 노랑과 녹색과 파랑과 분홍색 풍선을 갖고 교사의 안내에 따라 활동한다.(개별 학습일 때는 색카드를 놓아 보면서 하도록 한다.)

교사 3014 나와서 서 보세요. 10씩 뛰어 세기를 해 보세요.

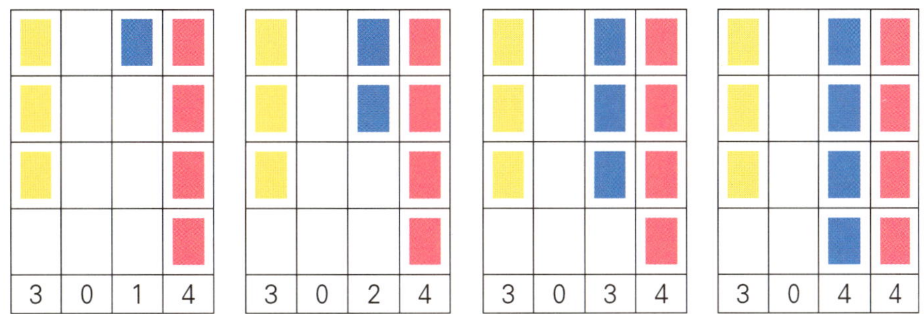

위와 같은 방법으로 뛰어 세기를 하면 수를 눈으로 보면서 할 수 있어서 잘 알 수 있다.

- 활동 7 놀이로 수를 체득하기

알, 애벌레, 번데기, 나비 놀이 1

· 준비_4명이 한 팀이 된다.

· 활동

1. 교사와 약속을 한다. 알 : 1, 애벌레 : 10, 번데기 : 100, 나비 : 1000

2. 한 팀이 일어나서 한 사람이 알, 또 한 사람이 애벌레, 애벌레, 애벌레, 한 사람이 번데기,
   마지막 사람이 일어나서 나비, 나비, 나비, 나비 한다.

3. 앉아 있는 사람은 수가 얼마인지 계산해서 발표한다. 4131

알, 애벌레, 번데기, 나비 놀이 2

· 준비_ 색카드, 12명 정도, 더 이상도 좋다. 원형 혹은 교실 학생 전체가
   활동해도 좋다.

· 활동

1. 교사와 약속을 한다. 알 : 1, 애벌레 : 10, 번데기 : 100, 나비 : 1000

2. 교사가 '알' 하면 카드를 든 사람이 일어나서 자리를 바꾼다.

3. 자리를 바꾸는 사이에 술래가 앉으면 자리에 못 앉은 사람이 술래가 된다.

4. 술래가 '번데기' 하면 카드를 든 사람이 일어나서 자리를 바꾼다.

5. 놀이의 형태를 바꾸어서 교사가 색카드를 들면 색카드 색깔에 따라서 알, 애벌레, 번데기,
   나비인 사람이 일어나서 자리를 바꾸도록 한다. 이때 알, 애벌레, 번데기, 나비는 도미노로
   돌아가며 이름이 벌써 붙여진 상황이다.

· 준비_ 수카드, 4명이 한 팀이 된다. 전체 활동도 가능하다.

· 활동

1. 약속하기 : 일의 자리 – 허리춤, 십의 자리 – 팔춤, 백의 자리 – 어깨춤, 천의 자리 – 머리춤

2. 교사가 수카드로 수를 보인다. (예 : 4325)

3. 아이들은 그 수만큼 양손으로 머리를 4번 치고, 어깨를 3번 치고, 팔춤을 2번 치고 또 허리를 5번 친다. (자리 수를 맡은 4명이 따로 쳐도 된다.)

4. 교사가 제시하는 수에 따라 머리, 어깨, 팔춤과 허리를 치면 된다.

24. 받아올림이 세 번 있는 3위수 더하기 3위수 (세 번 터지려고 해요)

▪ 들어가면서

1. 허리, 팔, 어깨, 머리에 이르는 몸짓수 놀이를 해 보자.

2. 몸짓에서 '10' 개가 되면 어떻게 했는가?

▪ 목표

받아올림이 있는 세 자리 수의 덧셈을 할 수 있다.

▪ 준비물

교사 : 분홍, 파랑, 녹색 색카드($\frac{1}{2}$ 크기) 각 20장 정도, 백지 수카드(A$_4$ $\frac{1}{2}$ 크기)

학생 : 분홍, 파랑, 녹색 색카드($\frac{1}{16}$ 크기) 각 20장 정도, 백지 수카드 30장(A$_4$ $\frac{1}{8}$ 크기)

▪ 내용

받아올림이 세 번 있는 세 자리 수의 덧셈이다. 자리 수를 색깔로 표현하고 동시에 아이들 스스로가 수가 되어서 계산해 봄으로써 계산 방법을 확실하게 이해할 수 있게 하였다.

▪ 활동 1 운동장에 모인 학생 수

교사는 앞에 서고, 아이들은 자기 자리에 앉아 있다. 교사의 대사에 따라서 네모 풍선을 든 아이들이 나와서 줄을 서는 활동을 한다. 아이들이 네모 풍선을 들고 나와서 활동할 때 인원수가 많아서 질서가 깨질 염려가 있을 때는 아이들을 2모둠으로 나누어서 1모둠씩 교대로 활동하게 한다.

교사 운동장에 남자 472명이 줄을 섰네요.

아이들 (네모 풍선을 들고 나와서 줄을 선다.)

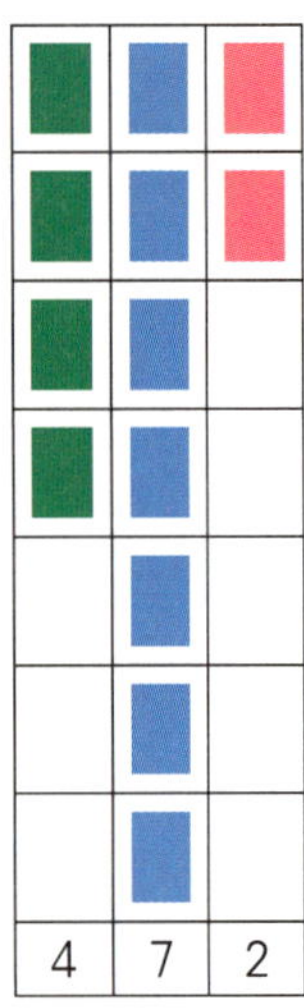

교사 여러분, 이번에는 여자 349명이 나와서 줄을 섰네요.

아이들 (네모 풍선을 들고 나와서 줄을 선다.)

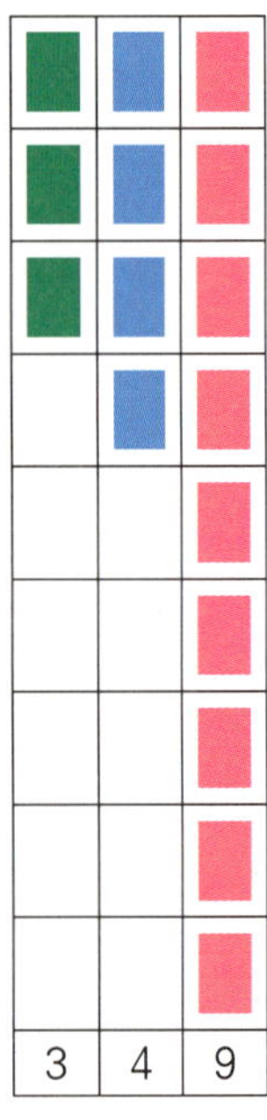

교사 이 사람들을 합하면 모두 몇 명이 될까요?

146

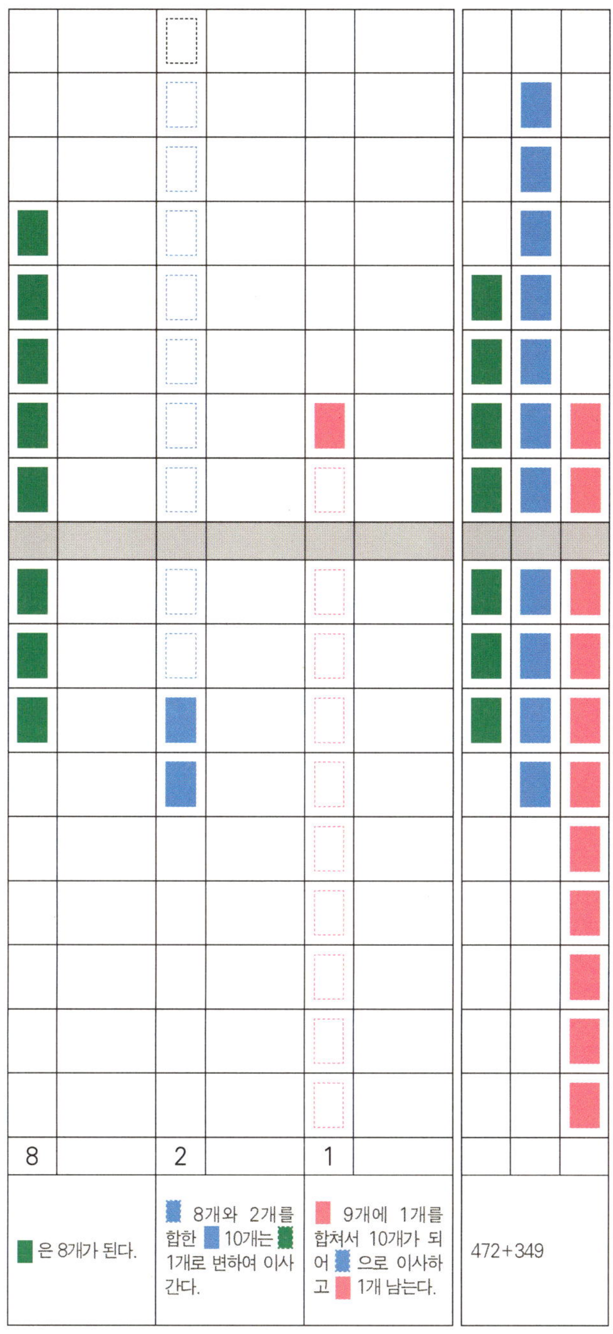

교사 수학나라 말로 표현하고 기린 아저씨가 볼 수 있게 세로셈으로도 표현하세요.

아이들　| 472 | + | 349 | = | 821 |

$$
\begin{array}{r}
{\scriptstyle 1\ 1} \\
4\ 7\ 2 \\
+\ 3\ 4\ 9 \\
\hline
8\ 2\ 1
\end{array}
$$

(아이들이 나와서 세로셈에 대해 자세히 설명하는 시간을 갖는다.)

▪ **활동 2** 배에 탄 사람 수

교사는 앞에 서고, 아이들은 자기 자리에 앉아 있다. 교사의 대사에 따라서 네모 풍선을 든 아이들이 나와서 줄을 서는 활동을 한다.

교사　배에 여자 974명이 줄을 서서 탔어요.

아이들　(네모 풍선을 들고 나와서 줄을 선다.)

교사　여러분, 이번에는 남자 247명이 나와서 줄을 서서 탔어요.

아이들　(네모 풍선을 들고 나와서 줄을 선다.)

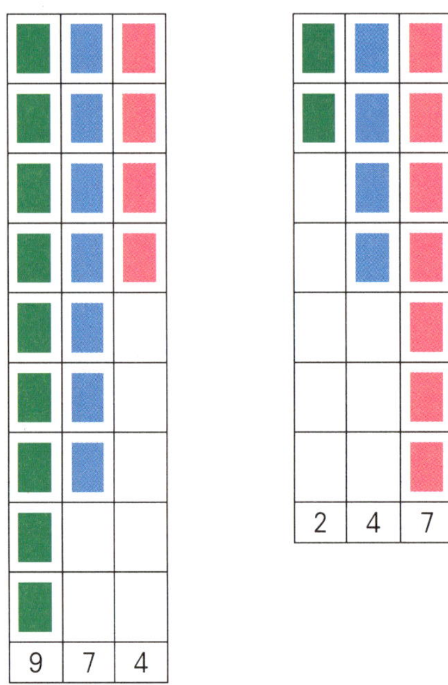

교사　이 사람들을 합하면 모두 몇 명이 될까요?

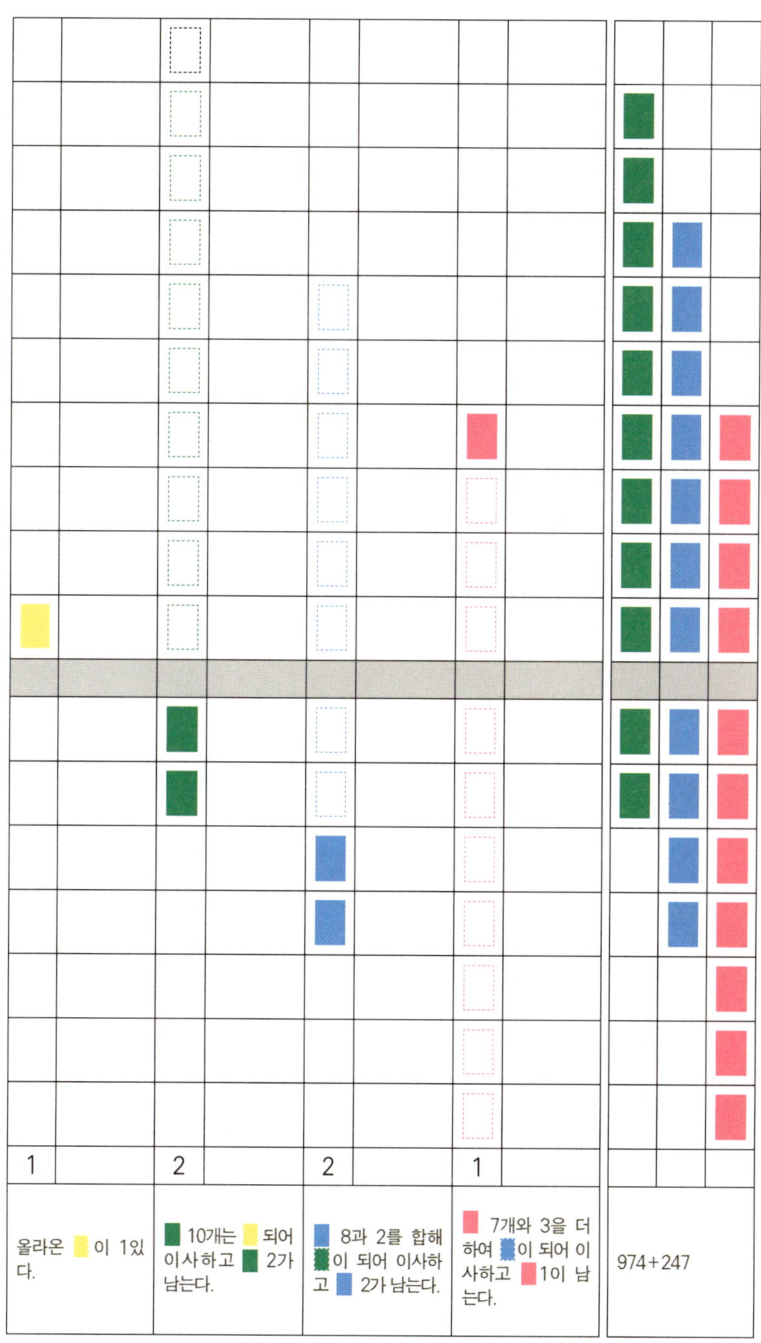

교사 수학나라 말로 표현하고 기린 아저씨가 볼 수 있게 세로셈으로도 표현하세요.

아이들   974   +   247   =   1221

```
  1 1 1
    9 7 4
  + 2 4 7
 ─────────
  1 2 2 1
```

(아이들이 나와서 세로셈에 대해 자세히 설명하는 시간을 갖는다.)

■ **활동 3** 여러 가지 방법으로 계산하기(역할극)

짝 두 명씩 수카드를 들고, 수가 되어서 활동한다.

교사   817＋396을 여러 가지 방법으로 계산해 보아요. 아이1은 817 , 아이2는 396 을

각각 써서 더해 보세요.

1의 방법

아이2   나의 수 396 을 400 으로 생각하고 너의 수 817 과 더해 보자.

아이1   그러면 1217 이 되네.

아이2   원래 내가 396 이었는데 400 을 더했으니 어쩌지?

아이1   그러면 4 를 빼면 되잖아.

아이2   맞아. 그래서 1217 에서 4 를 빼서 1213 이 되는구나.

2의 방법

아이1   나는 810 으로 생각하고, 너는 390 으로 생각해서 더해 보자.

아이2   그러면 1200 이 되네.

아이1   그런데 우리가 7 과 6 을 아직도 안 더했네.

아이2   그래, 7 과 6 을 합한 값이 13 이고, 1200 과 합치면 1213 이 되는구나.

> 역할극 한 내용을 토대로 교사가 식을 써서 설명을 하면 쉽게 이해를 한다.

교사 참 잘했어요. 오늘 공부한 느낌이나 생각을 몸으로 표현하고 발표해 보세요.

아이들 (자신의 생각을 몸으로 표현하고 발표한다.)

tip

1.
```
       1 1
     9 7 4
  +  2 4 7
  ─────────
   1 2 2 1
```

이 과정을 공부하면서 분홍색 10개 대신에 나온 파랑색 1개의 친구 이름이 무엇인지 물어보면서 공부하면 아이들은 분홍 10개 대신에 파랑 1개가 나온 사실을 확실하게 알 수 있다.

세로셈을 쓰는 것은 색카드를 들고 진행한 모습 그대로 세로셈으로 써 보는 활동이 된다.

2. 운동장에 모일 때에 연극적인 기분을 내려면, "○○초등학교 어린이 여러분 오늘 북한산에 가서 다람쥐들이 사는 모습을 관찰하려고 하는데 남자, 여자 질서 있게 운동장에 잘 모이세요. 반드시 네모 풍선을 들고 모이세요."이렇게 분위기를 잡아 주면 좋다.

또한 배를 탈 때에도 "제주도 ○○초등학교 어린이 여러분 오늘 육지로 체험학습을 가려고 우리는 배를 탔습니다. 남자, 여자 질서 있게 배를 탔는데 몇 명이 탔는지 알아봅시다."이렇게 분위기를 띄우며 수업을 하면 더 극적이고 재미있다.

25. 받아내림이 두 번 있는 3위수 빼기 3위수 (해체, 또 해체)

▪ **들어가면서**

1. 빼기의 상황을 예로 들어 본다.
2. 위의 상황을 몸짓으로 표현해 본다. 이때 일의 자리에서 뺄 수 없을 때 어떻게 하는지 몸짓으로 표현해 본다.

▪ **목표**

받아내림이 있는 세 자리 수의 뺄셈을 할 수 있다.

▪ **준비물**

교사 : 분홍, 파랑, 녹색 색카드($\frac{1}{2}$ 크기) 각 10장 정도, 백지 수카드 30장(A$_4$ $\frac{1}{2}$ 크기)
학생 : 분홍, 파랑, 녹색 색카드($\frac{1}{16}$ 크기) 각 10장 정도, 백지 수카드 30장(A$_4$ $\frac{1}{8}$ 크기)

▪ **내용**

받아내림을 두 번 하는 3위수의 뺄셈이다. 뺄셈도 자리 수를 맞추어서 계산하는 것이 가장 중요하다. 자리 수를 색깔로 표현하고 동시에 아이들 스스로 수가 되어서 계산해 봄으로써 확실하게 계산 방법을 이해할 수 있게 하였다.

▪ **활동 1** 조개를 줍는 사람과 미역을 딴 사람

교사는 앞에 서고, 아이들은 자기 자리에 앉아 있다. 교사의 대사에 따라서 네모 풍선을 든 아이들이 나와서 줄을 서는 활동을 한다.

교사 조개를 주운 사람은 257명입니다. 나와서 줄을 서 보세요.

아이들 (색 풍선을 들고 나와서 줄을 선다.)

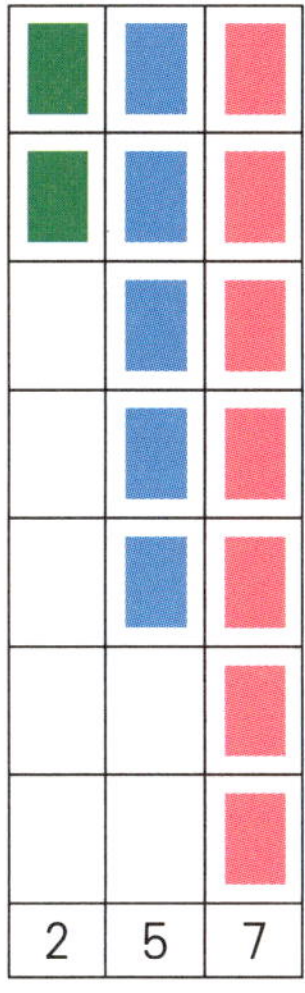

교사 미역을 딴 사람은 422명입니다. 나와서 줄을 서 보세요.

아이들 (색 풍선을 들고 나와서 줄을 선다.)

교사 어느 쪽 사람이 얼마나 많은지 알아보려면 어떻게 해결하면 좋을까요?

아이들 (자기들의 생각을 발표한다.)

교사 많은 쪽 미역 422명 가운데서 조개 쪽 257만큼만 빼 주면 됩니다. 그러면 그 빼 주
는 것을 어떻게 활동하면 좋을까요?

아이들 ('422에서 257이 날아갈 수도 있고, 또 257만큼 자기 자리에 앉으면 돼요' 등)

교사 422가 먼저 서고 그중에서 257은 앉아 보세요.

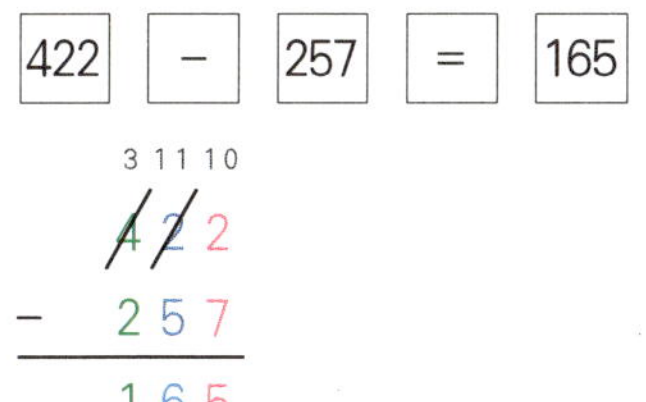

(아이들이 나와서 세로셈을 직접 설명하는 시간을 갖도록 한다.)

	1		6		5				

■은 1개 빌려 주고 3개에서 2개를 빼서 ■ 1개가 남는다.

■ 1개에서 5개를 뺄 수 없으므로 ■가 와서 5개를 빼고, 1개와 합쳐 6개가 된다.

■ 2개에서 7개를 뺄 수 없으므로 ■이 와서 7개를 빼고, 남은 3개, 2개와 합쳐서 ■ 5개가 된다.

422-257

 ▪ 활동 2 여러 가지 방법으로 계산하기(역할극)

짝 두 명씩 수카드를 들고, 수가 되어서 활동한다.

교사 534-297을 여러 가지 방법으로 계산해 보아요. 아이1은 534 , 아이2는 297 을
   각각 써서 빼기해 보세요.

1의 방법

아이1 나는 534 를 갖고 있는데 297 을 달라고? 계산하기 편하게 300 을 줄게. 나는
   234 가 남네

아이2 아니야, 297 만 갖고 싶어. 300 을 받았으니 3 을 돌려줄게.

아이1 고마워. 234 에서 3 을 돌려받았으니 237 이 되는구나.

아이1, 2 이렇게 하니까 간단하고 쉽네.

2의 방법

아이2 나의 수 297 에서 3 을 더해서 300 을 만들었다. 공평하게 너도 3 을 더
   해 보렴.

아이1 알았어. 나도 3 을 더해서 537 이 되었다.

아이2 그러면 너의 537 에서 나에게 300 을 주렴.

아이1 알았어. 나에게 237 이 남는구나.

아이1, 2 이렇게 하니 계산이 굉장히 쉽구나.

역할극 한 내용을 토대로 교사가 식을 써서 설명을 하면 쉽게 이해를 한다.

■ 정리 의미 찾기

교사 오늘 세 자리 수의 뺄셈을 공부한 느낌이나 생각을 몸짓으로 표현하고 발표하세요.

아이들 (각자의 생각을 몸짓으로 표현하고 발표한다.)

26. 받아올림이 세 번 있는
4위수 더하기 4위수 (세 번 터지려고 해요)

▪ 들어가면서

자리 수에서 9개보다 1개가 많을 때는 어떤 일이 일어나는가?

▪ 목표

받아올림이 세 번 있는 네 자리 수와 네 자리 수의 덧셈을 할 수 있다.

▪ 준비물

교사 : 분홍, 파랑, 녹색, 노랑 색카드($\frac{1}{2}$ 크기) 각 20장 정도

학생 : 분홍, 파랑, 녹색, 노랑 색카드($\frac{1}{16}$ 크기) 각 20장 정도, 백지 수카드 30장(A_4 $\frac{1}{8}$ 크기)

▪ 내용

덧셈과 뺄셈에서 가장 중요한 것은 자리 수에 대한 개념이다. '10'이 되면 그 자리에 있지 못하고 한 자리 올라가야 하는 것이 십진수이다. '111'은 똑같은 숫자 '1'이지만 첫째 자리와 셋째 자리의 양의 차이는 99가 된다. 그래서 자리에 따라 다른 색깔을 보여 주는 것은 시각적으로 큰 효과가 있는 것이다.

받아올림이 있는 네 자리 수와 네 자리 수의 덧셈에서 색카드(네모 풍선)를 들고 직접 받아올리는 과정을 확인함으로써 덧셈의 계산 과정을 확실하게 이해할 수 있을 것이다.

백지 수카드를(A_4 $\frac{1}{8}$ 용지) 넉넉하게 준비하여 여기에 수학나라 말(식)을 쓰도록 하면 아이들이 수학나라 말(식)에 대한 개념을 잘 이해할 수 있게 된다. 이 활동이 번거롭고, 의미 없게 보이지만 아이들은 이 활동을 하는 가운데 $\boxed{+}$, $\boxed{=}$ 를 확실히 이해하는 모습을 발견하게 될 것이다.

156

교사는 앞에 서고, 아이들은 자기 자리에 앉아 있는다. 교사의 대사에 따라서 네모 풍선을 든 아이들이 나와서 줄을 서는 활동을 한다.

교사 여러분, 엄마, 아빠 다람쥐는 도토리를 2725개 주웠고, 아기 다람쥐들은 도토리를 487개 주웠어요. 모두 몇 개를 주웠을까요? 먼저 2725개를 줄을 세워 보아요.

아이들 (색카드를 들고 줄을 선다.)

교사 '487' 도 줄을 서 보세요.

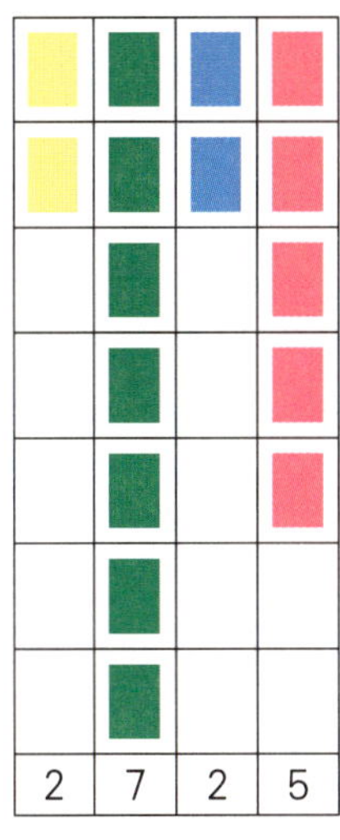
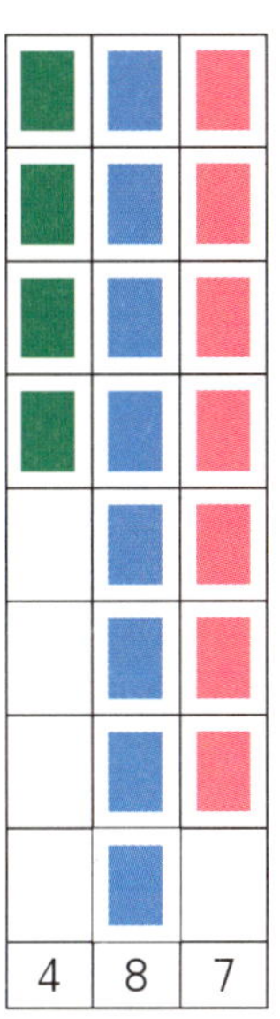

교사 여러분, 자리를 맞추어서 줄을 잘 섰어요. 그러면 이 도토리가 모두 몇 개일까요? 합을 구하는 데 가장 중요한 것이 무엇이라고 생각하나요?

아이들 (자기들의 생각을 발표한다.)

교사 그러면, 색깔을 맞추어서 합을 구해 보세요. (뒷면의 그림과 같이 선다.)

아이들 도토리는 합하여 3212개가 됩니다.

교사 수학나라 말은 어떻게 써야 할까요?

아이들 2725 + 487 = 3212

교사 기린 아저씨가 볼 수 있는 세로셈은요?

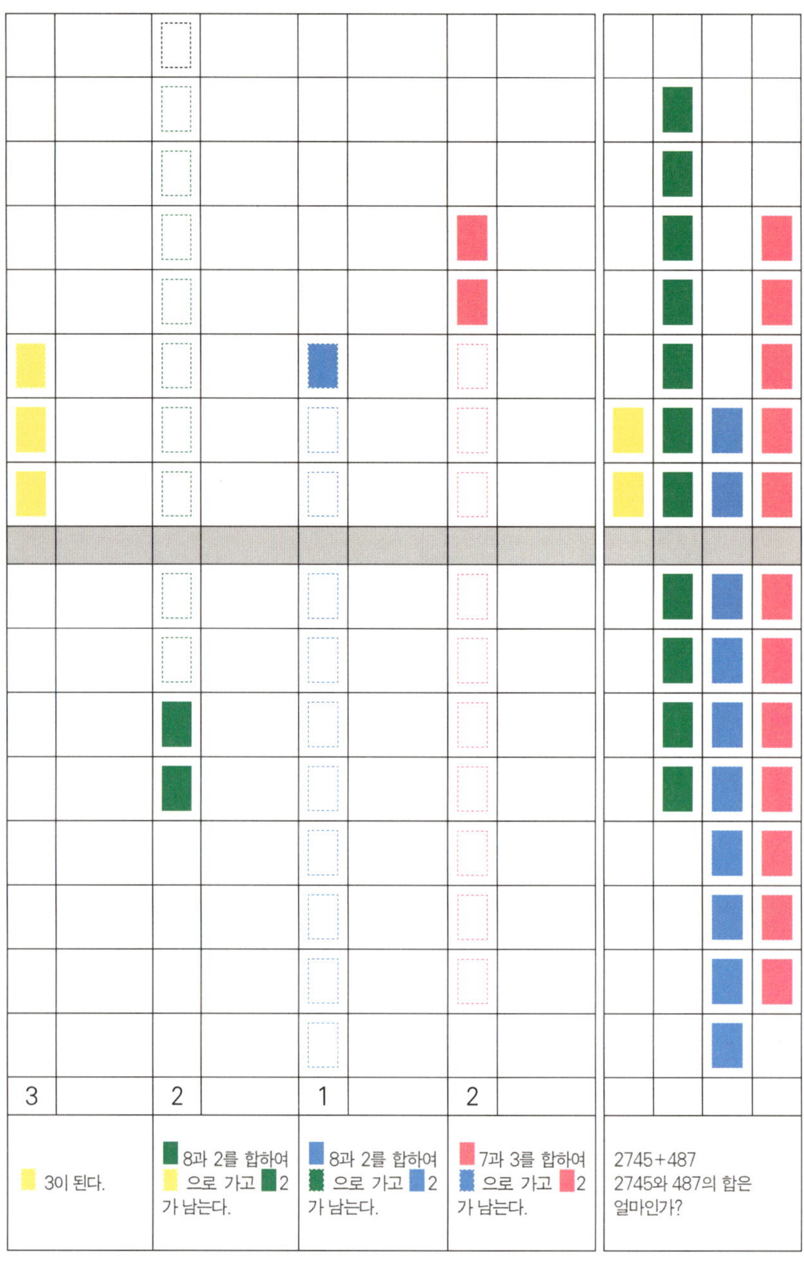


```
  1 1 1
  2 7 2 5
+   4 8 7
  3 2 1 2
```

(아이들이 나와서 세로셈에 대해 자세히 설명하는 시간을 갖는다.)

몸짓수 놀이 덧셈을 몸짓수로 표현하기

· 준비_교사용 식카드

· 활동

1. 교사가 2725 + 487 식카드를 보인다.

2. 일의 몸짓 허리춤 7번, 그리고 3번을 해서 10번은 팔춤으로 올라간다. '짠' 소리와 함께 노바디 몸짓으로 올린다. 그리고 허리춤 2번을 한다.

3. 십의 몸짓 팔춤을 8번, 그리고 2번을 한다. 10번은 어깨춤으로 올라간다. '짠' 소리와 함께 노바디 몸짓으로 올린다. 그리고 팔춤 1번을 한다.

4. 백의 몸짓 어깨춤 8번, 그리고 2번을 한다. 10번은 머리춤으로 1번 올린다. '짠' 소리와 함께 올린다. 그리고 어깨춤 2번 한다.

5. 머리춤 3번을 한다. 다 한 후에는 수학나라 카드로 놓아 본다.

6. 2725 + 487 = 3212

▪ 활동 3 청솔모가 주운 도토리의 수

교사는 앞에 서고, 아이들은 자기 자리에 앉아 있는다. 교사의 대사에 따라서 네모 풍선을 든 아이들이 나와서 줄을 서는 활동을 한다.

교사 여러분, 아기 청솔모는 도토리를 2745개 주웠고, 엄마, 아빠 청솔모는 도토리를 4867개 주웠어요. 청솔모네 식구들이 주운 도토리는 모두 몇 개일까요? 먼저 2745개 줄을 서 보세요.

아이들 (색카드를 들고 나와서 줄을 선다.)

교사 여러분, 자리를 맞추어서 줄을 잘 섰어요. 그러면 이 도토리가 모두 몇 개일까를 구해 보도록 해요. 합을 구하는 데 가장 중요한 것이 무엇이라고 생각하나요?

아이들 (자기들의 생각을 발표한다.)

교사 그러면, 색깔을 맞추어서 합을 구해 보세요.

아이들 도토리는 합하여 7612개가 됩니다.

교사 수학나라 말은 어떻게 써야 할까요?

아이들 2745 + 4867 = 7612

교사 기린 아저씨가 볼 수 있는 세로셈은요?

```
    1 1 1
   2 7 4 5
 + 4 8 6 7
 ─────────
   7 6 1 2
```

(아이들이 나와서 세로셈에 대해 자세히 설명하는 시간을 갖는다.)

▪ 활동 4 몸짓수 놀이

몸짓수의 약속에 따라서 몸짓수로 덧셈을 한다.

▪ 정리 의미 찾기

교사 오늘 덧셈 공부를 하고 난 느낌이나 생각을 몸으로 표현하고 발표하세요.

아이들 (자기의 생각을 몸짓으로 표현하고 발표한다.)

tip

몸짓수 덧셈을 반드시 교사가 제시할 필요는 없다. 아이들이 문제를 제시하기도 하고, 또 아이가 하는 몸짓수를 보고 알아맞히기도 한다. 아이 4명이 나와서 자리 수(천, 백, 십, 일)에 따라서 몸짓을 하고, 알아맞힌다. 이때 받아올림을 할땐 '짠' 하면서 옆의 아이에게 올려 주는 몸짓을 한다.
그리고 세로셈은 색카드로 활동한 것을 그대로 써 보는 것과 같다.

27. 받아내림이 세 번 있는 4위수 빼기 4위수 (해체를 세 번 하자)

▪ 들어가면서

1. 윗자리 수 1개로 아랫자리 수에게 몇 개를 줄 수 있는가?

2. 형인 나는 동생에게 10개를 줄 만큼 넉넉한 사람인가?

▪ 목표

받아내림이 세 번 있는 네 자리 수와 네 자리 수의 뺄셈을 할 수 있다.

▪ 준비물

교사 : 분홍, 파랑, 녹색, 노랑 색카드($\frac{1}{2}$ 크기) 20장 정도

학생 : 분홍, 파랑, 녹색, 노랑 색카드($\frac{1}{16}$ 크기) 20장 정도, 백지 수카드 30장(A$_4$ $\frac{1}{8}$ 크기)

▪ 내용

받아내릴 때 몇 개를 줄 수 있는가 색카드를 들고 확인함으로써 받아내림의 계산을 확실하게 할 수 있다.

▪ 활동 1 어느 다람쥐가 도토리를 많이 주웠나?

교사는 앞에 서고, 아이들은 자기 자리에 앉아 있는다. 교사의 대사에 따라서 네모 풍선을 든 아이들이 나와서 줄을 서는 활동을 한다.

교사 여러분, 엄마, 아빠 다람쥐는 도토리를 1234개 주웠고, 아기 다람쥐들은 도토리를 875개 주웠어요. 누가 몇 개를 더 많이 주웠을까요? 먼저 1234개가 줄을 서 보아요.

아이들 (색카드를 들고 줄을 선다.)

교사 누가 더 많이 주웠는가를 알기 위해서 어떻게 해야 할까요?

아이들 ('1234가 서 있는 데서 875명이 자기 자리로 들어가요, 혹은 875가 그 자리에 앉아요' 등

162

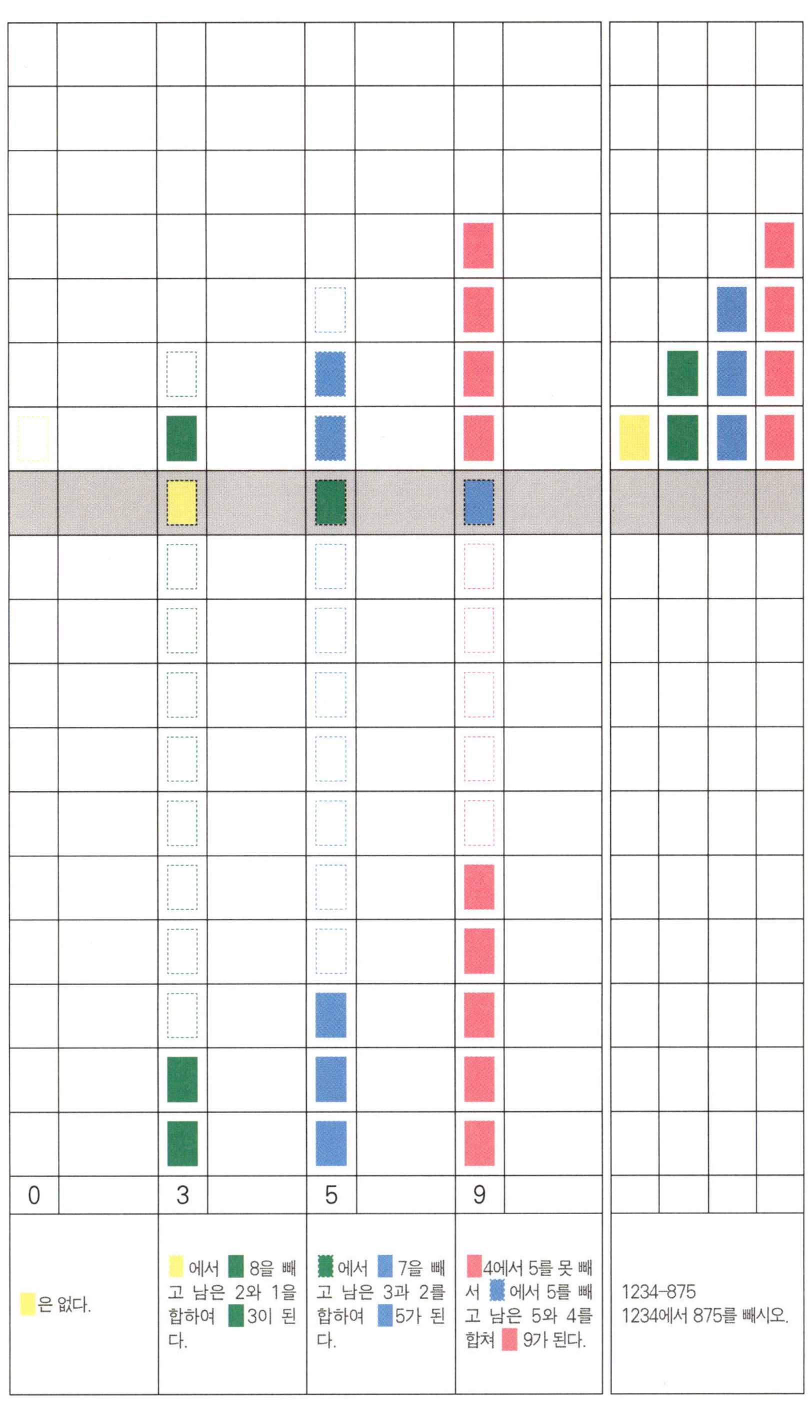

0
3
5
9

은 없다.

에서 8을 빼고 남은 2와 1을 합하여 3이 된다.

에서 7을 빼고 남은 3과 2를 합하여 5가 된다.

4에서 5를 못 빼서 에서 5를 빼고 남은 5와 4를 합쳐 9가 된다.

1234-875
1234에서 875를 빼시오.

으로 발표한다.)

 그러면, 875는 그 자리에서 앉아 보세요. (앞의 색카드처럼 활동한다.)

 수학나라 말은 어떻게 써야 할까요?

 | 1234 | − | 875 | = | 359 |

 기린 아저씨가 볼 수 있는 세로셈은요?

```
  0 11 12 10
  1 2 3 4
−   8 7 5
    3 5 9
```

(아이들이 나와서 세로셈에 대해 자세히 설명하는 시간을 갖는다.)

■ 활동 2 몸짓수 놀이

몸짓수 놀이 뺄셈을 몸짓수로 표현하기

· 준비_교사용 식카드

· 활동

1. 교사가 | 1234 − 875 | 식카드를 보인다.

2. 일의 몸짓 허리춤 4번에서 5번을 못 빼니까 팔춤 1개가 '쿵' 하면서 내려온다. 그래서 허리춤 10개에서 5개를 먼저 빼고, 5개 남는 것과 원래 허리춤 4개를 합쳐서 허리춤 9번을 한다.

3. 어깨춤 1번이 '쿵' 하고 내려와서 팔춤 10번이 되어 7번을 빼 주면 팔춤 3번이 되고, 원래의 팔춤 2번과 합쳐서 팔춤 5번이 된다.

4. 머리춤 1번이 '쿵' 하고 내려와 어깨춤 8번을 빼고 2번이 남고 남은 1번과 합쳐 어깨춤 3번이 된다.

5. 머리춤은 없다. 수학나라 말을 놓아 본다.

6. | 1234 | − | 875 | = | 359 |

■ 활동 3 어느 청솔모가 도토리를 많이 주웠나?

교사는 앞에 서고, 아이들은 자기 자리에 앉아 있는다. 교사의 대사에 따라서 네모 풍선을 든 아이들이 나와서 줄을 서는 활동을 한다.

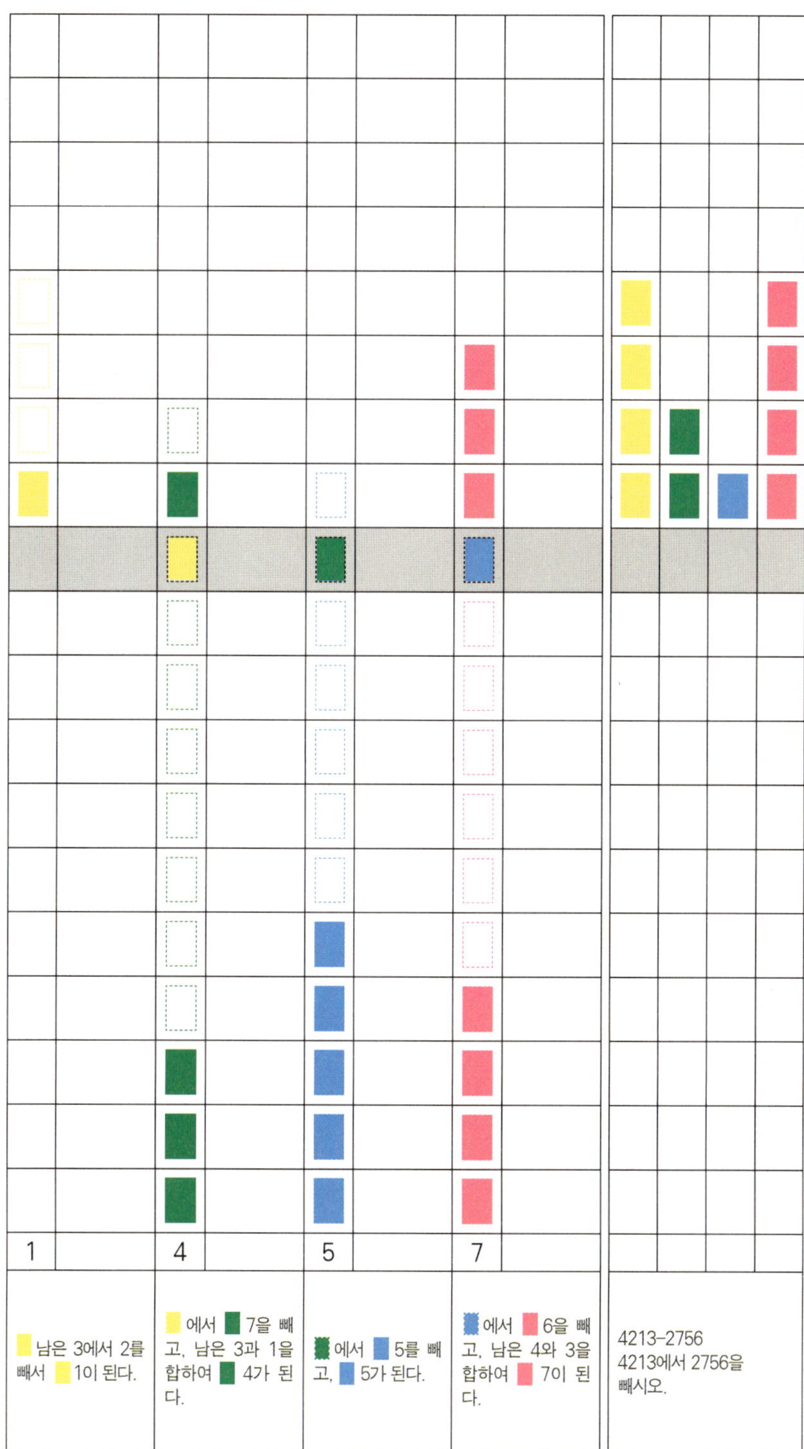
1
4
5
7
남은 3에서 2를 빼서 1이 된다.
에서 7을 빼고, 남은 3과 1을 합하여 4가 된다.
에서 5를 빼고, 5가 된다.
에서 6을 빼고, 남은 4와 3을 합하여 7이 된다.
4213-2756
4213에서 2756을 빼시오.

교사　여러분, 아기 청솔모는 도토리를 2756개 주웠고, 엄마, 아빠 청솔모는 도토리를
　　　4213개 주웠어요. 누가 도토리를 더 많이 주웠나요? 누가 먼저 줄을 서야 될까요?

아이들　(4213이 섭니다. 색카드를 들고 나와서 줄을 선다.)

교사　그러면 4213이 서고, 이 중에서 2756이 앉으면 되겠구나. (앞의 색카드처럼 활동
　　　한다.)

아이들　도토리는 엄마, 아빠가 1457개 더 주웠습니다.

교사　수학나라 말은 어떻게 써야 할까요?

아이들　| 4213 | − | 2756 | = | 1457 |

교사　기린 아저씨가 볼 수 있는 세로셈은요?

$$
\begin{array}{r}
3\ 11\ 10\ 10 \\
4\,2\,1\,3 \\
-\ 2\,7\,5\,6 \\
\hline
1\,4\,5\,7
\end{array}
$$

(아이들이 나와서 세로셈에 대해 자세히 설명하는 시간을 갖는다.)

▪ 정리　의미 찾기

교사　오늘 뺄셈 공부를 하고 난 느낌이나 생각을 몸으로 표현하고 발표하세요.

아이들　(자기의 생각을 몸짓으로 표현하고 발표한다.)

tip

세로셈은 앞의 색카드를 들고 움직임 모습 그대로 진행되는 것을 세로셈으로 써 보는 것이다.

그러므로

$$
\begin{array}{r}
3\ 11\ 10\ 10 \\
4\,2\,1\,3 \\
-\ 2\,7\,5\,6 \\
\hline
1\,4\,5\,7
\end{array}
$$
에서

일의 자리는 빌려 온 10에서 먼저 6을 빼고 남은 3을 더하고

십의 자리는 빌려 온 10에서 먼저 5를 빼고

백의 자리는 빌려 온 10에서 먼저 7을 빼고 남은 1과 더하는 것이다.

28. 큰 수
(노랑, 녹색, 파랑, 분홍 색카드의 변신, 변신)

■ 들어가면서

1. '1'이 10개 모이면 '(　　　)', '10'이 10개 모이면 '(　　　)', '100'이 10개 모이
   면 '(　　　)', 이 과정을 거치면서 생각나는 것은 무엇일까?

2. 네 자리의 수 중에서 가장 큰 수는 무엇일까?

■ 목표

'10000'은 어떤 수인지 이해하고, 억과 조를 알 수 있다.

■ 준비물

교사 : 분홍, 파랑, 녹색, 노랑 색카드($\frac{1}{2}$ 크기) 각 10장 정도, 수카드(A$_4$ $\frac{1}{2}$ 크기)

학생 : 분홍, 파랑, 녹색, 노랑 색카드($\frac{1}{16}$ 크기) 각 10장 정도, 백지 수카드 30장(A$_4$
　　　　$\frac{1}{8}$ 크기)

■ 내용

십진수를 한글로 셀 때 '11'은 십일, 열하나, '12'는 십이, 열둘이라고 한다. 이는 모
두 앞의 '십', '열'에 근간을 두고 파생시켰다. 그러나 영어에는 '11'은 'eleven',
'12'는 'twelve'이다. 한글하고 비교하면 십진수를 세는 데 영어가 좀 더 어렵다는
사실을 알 수 있다. 같은 원리로 천에서 만으로 넘어가는 것을 살펴보면 우리의 수
는 '일, 십, 백, 천, 일만, 십만, 백만, 천만'으로 규칙성을 갖고 구성되어 있다. 이
과정을 아이들이 확실하게 알면 큰 수를 쉽게 배울 수 있는 것이다. 아이들이 활동
하면서 자연스럽게 체득하도록 도와준다.

• 활동 1 몸짓으로 알아보기

교사　몸짓수 놀이를 해 보아요.

아이들　(교사의 요구대로 활동한다.)

　　(1) 3, 30, 300, 3000 : 허리춤 3번, 팔춤 3번, 어깨춤 3번, 머리춤 3번

　　(2) 9, 90, 900, 9000 : 허리춤 9번, 팔춤 9번, 어깨춤 9번, 머리춤 9번

　　(3) 각 몸짓수 자리에서 '1' 개를 더 더하기

　　　　① '9' 를 몸짓수로 표현하기

　　　　② '9' 에서 '1' 개 더 몸짓수로 표현하기

　　　　③ '10' 이 되면 몸짓수는 어디로 가는가?

　　　　④ '90' 을 몸짓수로 표현하기

　　　　⑤ 팔춤 9번에서 팔춤 1번 더 더하기

　　　　⑥ 팔춤 10번은 어디로 가야 하나?

　　　　⑦ 어깨 9번 치기는 얼마인가?

　　　　⑧ 어깨 1번 더 치기

　　　　⑨ 어깨 10번은 어디로 가야 하나?

　　　　⑩ 머리 9번 치기는 얼마인가?

　　　　⑪ 머리 1번 더 치기

　　　　⑫ 머리 10번은 얼마인가?

　　　　⑬ '10000' 은 어디를 쳐야 할까?

　　(4) '만' '10000' 은 다시 허리로 돌아와서 한 번 치면서 '만' 이라고 소리 낸다.

　　　　① 허리를 3번 치며 '삼만' 소리 낸다.

　　　　② 팔춤을 5번 하며 '오십만' 소리 낸다.

　　　　③ 어깨를 7번 치며 '칠백만' 소리 낸다.

　　　　④ 머리를 9번 치며 '구천만' 소리 낸다.

　　　　⑤ 천만이 10번 되면 얼마가 되고, 또 어디로 가야 할까?

　　(5) '억' '100000000' 은 다시 허리로 돌아와서 한 번 치며 '억' 이라고 소리 낸다.

　　　　① 허리를 3번 치며 '삼억' 소리 낸다.

② 팔춤을 5번 하며 '오십억' 소리 낸다.

③ 어깨를 7번 치며 '칠백억' 소리 낸다.

④ 머리를 9번 치며 '구천억' 소리 낸다.

(6) '조' '1000000000000'는 다시 허리로 돌아와서 한 번 치며 '조'라고 소리 낸다.

① 허리를 5번 치며 '오조' 소리 낸다.

② 팔춤을 3번 하며 '삼십조' 소리 낸다.

③ 어깨를 9번 치며 '구백조' 소리 낸다.

④ 머리를 9번 치며 '구천조' 소리 낸다.

▪ 활동 2 몸짓수 놀이

몸짓수 놀이

· 준비_ 수카드

· 활동

1. 교사가 '235'를 부른다. 혹은 '235'가 써 있는 수카드를 보여 주기도 한다.

2. 아이들은 어깨춤 2번, 팔춤 3번, 허리춤 5번의 몸짓수를 한다.

3. 교사가 '3984'를 부른다.

4. 아이들은 머리춤 3번, 어깨춤 9번, 팔춤 8번, 허리춤 4번의 몸짓수를 한다.

5. 교사가 '65492'를 부른다.

6. 아이들은 허리춤 6번 추면서 '육만' 소리를 낸다. 머리춤 5번, 어깨춤 4번, 팔춤 9번, 허리춤 2번의 몸짓수를 한다.

7. 교사가 '795213'을 부른다.

8. 아이들은 팔춤 7번 하면서 '칠십만' 허리춤 9번 하면서 '구만' 그다음 순서대로 한다.

9. 백만, 천만도 위와 같이 한다. (*8번 활동 후에 '칠십구만'을 한 번 더 부른다.)

10. 수를 교사가 부르지 않고 아이가 대표로 나와서 부르기도 한다. (짝 활동도 좋다.)

▪ 활동 3 색카드 놀이

노랑, 녹색, 파랑, 분홍 색도화지 준비

 색카드 놀이를 해 보아요.

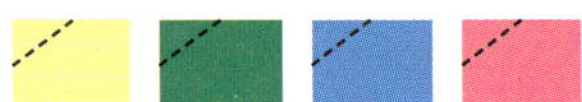 에서 분홍색 1개가 더 오면 어떻게 될까?

① 분홍색이 10개가 되면 파랑 1개가 되어 파랑으로 이사를 갑니다.

② 파랑이 10개가 되면 녹색 1개가 되어 녹색으로 이사를 갑니다.

③ 녹색 10개가 되면 노랑 1개가 되어 노랑으로 이사를 갑니다.

④ 노랑 10개가 되면 '만' (10000)이 된다.

색깔을 더 만드는 것은 복잡하다.

(1) 만, 십만, 백만, 천만은 한 번 접기

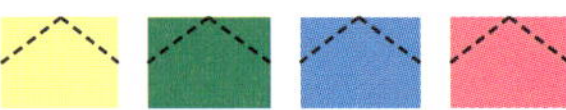

① 분홍색 왼쪽을 한 번 접어서 만

② 파랑색 왼쪽을 한 번 접어서 십만

③ 녹색 왼쪽을 한 번 접어서 백만

④ 노랑색 왼쪽을 한 번 접어서 천만

(2) 억, 십억, 백억, 천억은 두 번 접기

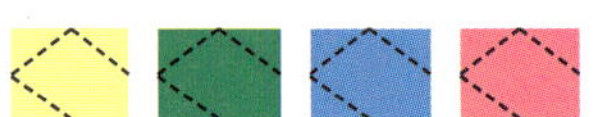

① 분홍색 왼쪽과 오른쪽을 두 번 접어서 억

② 파랑색 왼쪽과 오른쪽을 두 번 접어서 십억

③ 녹색 왼쪽과 오른쪽을 두 번 접어서 백억

④ 노랑색 왼쪽과 오른쪽을 두 번 접어서 천억

(3) 조, 십조, 백조, 천조는 세 번 접기

① 분홍색 왼쪽과 오른쪽, 아래를 세 번 접어서 조

② 파랑색 왼쪽과 오른쪽, 아래를 세 번 접어서 십조

③ 녹색 왼쪽과 오른쪽, 아래를 세 번 접어서 백조

④ 노랑색 왼쪽과 오른쪽, 아래를 세 번 접어서 천조

■ 활동 4 색카드 놀이

색카드 놓기 놀이

· 준비_교사 : 백지 수카드, 학생 : 색카드, 색깔별로 여러 장 준비

· 활동

1. 교사가 '675'를 부른다. 혹은 수카드 '675'를 보여 주기도 한다.

2. 아이들은 녹색 카드에 6을 쓰고, 파랑 카드에 7을 쓰고, 분홍 카드에 5를 써서 놓는다.

3. 교사가 '3984'를 부른다.

4. 아이들은 노랑 카드에 3을 쓰고, 녹색 카드에 9를 쓰고, 파랑 카드에 8을 쓰고, 분홍 카드에 4를 써서 놓는다.

5. 교사가 '65492'를 부른다.

6. 아이들은 분홍 카드 왼쪽 위를 접은 후 6을 쓰고, 노랑 카드에 5를 쓰고, 녹색 카드에 4를 쓰고, 파랑 카드에 9를 쓰고, 분홍 카드에 2를 써서 놓는다.

7. 교사가 '795213'을 부른다.

8. 아이들은 파랑 카드 왼쪽 위를 접은 후 7을 쓰고, 분홍 카드 왼쪽 위를 접은 후 9를 쓰고, 노랑 카드에 5를 쓰고, 녹색 카드에 2를 쓰고, 파랑 카드에 1을 쓰고, 분홍 카드에 3을 써서 놓는다.

9. 백만, 천만도 위와 같이 한다.

10. 수를 교사가 부르지 않고 아이가 대표로 나와서 부르기도 한다.

11. 짝끼리 수를 부르고 색카드 놓기를 해 본다.

tip
색카드를 놓아 보거나 몸짓수 놀이를 여러 번 하면서 '일, 십, 백, 천' 일만, 십만, 백만, 천만'의 규칙성을 확실하게 이해하면 십진수는 쉽게 공부하게 된다.

29. 수의 범위와 어림
(이상, 이하, 초과, 미만)

- 들어가면서

  1. 자기 집 식구가 세 사람 이상인 사람은 일어서 보세요.

  2. 자기 집 식구가 세 사람을 초과하는 사람은 일어서 보세요.

- 목표

  이상, 이하, 초과, 미만의 정확한 개념을 알 수 있다.

- 준비물

  백지 수카드 30장 정도(A_4 $\frac{1}{8}$ 크기)

- 내용

  이 제재는 이상, 이하, 초과, 미만의 개념을 정확하게 알아야 하는 간단한 제재이다. 놀이를 통하여 개념을 정확하게 알도록 도와준다.

- 활동 이상, 이하, 초과, 미만의 놀이하기

  아이들은 백지 카드 5장에 15 이하의 수를 적고, 교사는 '상어 놀이'로 활동을 전개한다.

교사 백지 카드 5장에 15 이하의 수를 5개 적어 보세요.

아이들 (각자 5장의 백지 카드에 수를 5개 적는다.)

교사 "두두두두" 5 이상의 수를 가진 사람 모두 일어서세요.

아이들 (일어서서 각자의 수를 발표하고, 5 이상의 수를 몇 개 가졌는지 발표한다.)

　　　*틀린 사람은 아이들이 듣고, 수정해 준다. 수정하는 과정에서 개념을 알게 된다.

교사 5 이상의 수를 제일 많이 가진 사람은 상을 하나 받습니다.

교사 "두두두두" 5 이하의 수를 가진 사람 모두 일어서세요.

아이들 (일어서서 각자의 수를 발표하고, 5 이하의 수를 몇 개 가졌는지 발표한다.)

교사 5 이하의 수를 제일 많이 가진 사람은 상을 하나 받습니다.

교사 "두두두두" 10 미만의 수를 가진 사람 모두 일어서세요.

아이들 (일어서서 각자의 수를 발표하고, 10 미만의 수를 몇 개 가졌는지 발표한다.)

　*여기에서 틀린 사람은 아이들이 듣고, 수정하도록 한다.

교사 "두두두두" 7 초과의 수를 가진 사람 모두 일어서세요.

아이들 (일어서서 각자의 수를 발표하고, 7 초과의 수를 몇 개 가졌는지 발표한다.)

　*여기에서 틀린 사람은 아이들이 듣고, 수정하도록 한다.

　*수를 바꿔 가면서 이 놀이를 여러 번 한다.

▪ 정리 의미 찾기

교사 이제 이상, 이하, 미만, 초과의 뜻을 알았나요?

그러면 도미노 순서로 이상, 이하, 미만, 초과를 불러 보세요. 다 불렀으면 이상은 이상끼리 모이고, 이하는 이하끼리 모이고, 미만은 미만끼리, 초과는 초과끼리 모여서 개념에 어울리는 재미있는 몸짓을 만들어 보세요.

아이들 (서로 의논하여 개념에 어울리는 재미있는 이야기나 몸짓을 만들어서 발표한다.)

30. 수의 범위와 어림
(콩나무 이야기)

▪ 들어가면서

1. 우리나라 인구가 몇 명인지 발표해 보자.

2. 아침에 먹은 밥에 쌀알이 몇 개 들어 있었을까?

▪ 목표

어떤 상황에서 어림수를 사용하는지 알며, 어림수를 나타내는 방법을 알 수 있다.

▪ 준비물

백지 수카드 30장 정도($A_4 \frac{1}{8}$ 크기)

▪ 내용

일상생활에서는 주로 어림수를 사용한다. 어림수를 사용하는 이유를 알고, 또 어림수에는 올림, 버림, 반올림이 있는데 올려야 하는 이유, 버리는 이유, 반올림하는 이유가 다 있다. 그 상황을 바르게 이해하면서 어림수를 사용하도록 상황을 활용한 학습활동을 전개하도록 한다.

▪ 활동 1 올림

'잭과 콩나무' 이야기를 각색한다.

잭이 콩나무를 타고 하늘나라에 가서 많은 사람과 동물들을 만나고 왔다. 오늘 다시 콩나무를 타고 하늘나라에 가려고 준비를 한다. 잭은 교사가 맡는다.

잭 참 하늘나라에 잡혀 있는 나무꾼 아저씨가 소고기 1600g을 사 오라고 하셨지. 정육점 아저씨, 소고기 1600g을 주세요. 예? 1000g씩 단위로 고기를 판다고요? 그럼 얼마의 고기를 사 가지고 가야 하지? 친구들아, 말해 줘.

아이들 (각자의 생각을 발표한다.)

잭 철수라는 친구는 하늘나라에 있는 책을 묶는 데 필요하다고 끈을 254m 사 오라고 했어. 아저씨, 끈을 254m 주세요. 예? 끈은 100m씩 잘라서 판다고요? 그럼 끈을 얼마나 사 가지고 가야 할까? 친구들아, 말해 줘.

아이들 (각자의 생각을 발표한다.)

잭 지영이는 잡혀 온 다른 아이들과 공부가 하고 싶다고 공책이 23권 필요하다고 말했어. 문방구 아주머니, 공책 23권 주세요. 예? 공책을 10권씩 묶어서 판다고요? 그럼 공책을 몇 권 사야 될까? 친구들아, 말해 줘.

아이들 (각자의 생각을 발표한다.)

잭 거인을 잠자게 하는 데 초콜릿 1205개가 필요하다고 했어. 슈퍼마켓에는 초콜릿 100개씩 묶어서 팔고 있네. 친구들아, 초콜릿을 몇 개 사 가지고 가야 되니? 말해 줘.

아이들 (각자의 생각을 발표한다.)

잭 그런데, 물건을 사는 데 생각보다 돈이 참 많이 들었어. 왜 이렇게 되었지?

아이들 (각자의 생각을 발표한다.)

잭 그래. 나는 하늘나라 친구들을 위해서 수를 모두 올렸단다. 돈이 많이 들었어도 좋아. 거인한테 잡혀 있는 사람들을 위해서 산 것이니까. 이것을 '올림' 이라고 해야 되겠다. 이제 이 물건들을 잘 넣어서 콩나무를 타고 하늘나라로 가자!

■ 활동 2 버림

'잭과 콩나무' 이야기를 각색한다.

잭이 콩나무를 타고 하늘나라에 가서 많은 사람과 동물들이 주는 선물들을 거인 몰래 가지고 오는 장면이다. 잭은 교사가 맡는다.

잭 나무꾼님, 고마워요. 이 막대기들은 땅에 심기만 하면 큰 나무가 되어 잘 자란다고요? 정말 고맙습니다. 막대기를 689개 줘서 고맙습니다. 상자 1개에 100개씩 들어가는 상자에 넣어 가라고요. 그러면 몇 상자에 넣어야 할까요? 친구들아, 말해 줘.

아이들 (각자의 생각을 발표한다.)

잭 상자 7개에 넣어 갈게요. 아니 왜 그렇게 고개를 저으세요? 뭐라고요? 100개를 가득
채우지 않고, 상자에 빈 자리가 있으면 나무들이 소리를 내어서 거인을 깨울 수 있
다고요? 초콜릿을 먹어서 자는데도 상자 소리에 거인은 깬다고요? 그럼 어쩌지?

아이들 (각자의 생각을 발표한다.)

잭 아깝지만 89개는 버리고 나무 600개만 6상자에 넣어 갈게요. 감사해요.
철수야, 너는 뭘 주려고 그러고 있니? 응, 구슬을 157개를 주겠다고? 맛있는 과자
가 먹고 싶을 때 그 구슬 1개를 불러서 '구슬아, 구슬아, 뻥튀기가 먹고 싶다' 하면
뻥튀기가 나온다고? 너무 좋다. 철수야, 고마워. 구슬을 어떻게 넣어 가면 거인이
모를까? 10개씩 들어가는 상자에 넣어서 가라고? 알았어. 친구들아, 상자가 몇 개
가 필요한지 말해 줘.

아이들 (각자의 생각을 발표한다.)

잭 옳아, 15개의 상자에 구슬 150개를 넣고, 나머지 7개도 상자에 넣어야지 거인한테 안
들킬 거야. 철수야, 왜 걱정스러운 눈빛이야. 뭐? 10개 가득 차지 않은 상자를 들고
가면 구슬들이 소리를 내어서 거인이 깬다고? 친구들아, 어떻게 하면 좋을까?

아이들 (각자의 생각을 발표한다.)

잭 알았어. 7개를 버리는 것이 아깝지만, 7개를 안 버릴 경우 150개도 못 가져갈 수 있
으니까 7개를 버리도록 하자.
그런데 지영아, 너도 선물을 주려고 그러니? 넌 연필을 갖고 있잖아. 뭐라고? 그
연필로 공부하면 배운 것을 하나도 잊어버리지 않는다고? 지영아, 그 연필 좀 많이
주렴. 우리 친구들에게도 나누어 주게. 193자루를 주겠다고? 고마워. 이 연필은
100자루씩 1개의 상자에 넣어야 거인이 모른다고? 알았어. 친구들아, 어떻게 해야
될까?

아이들 (각자의 생각을 발표한다.)

잭 아니야. 우리 친구들은 모두 공부를 잘하고 싶어 한단다. 나는 1개의 상자에는 100자
루, 다른 1개의 상자에는 93자루를 넣어 갈 거야. 우리 친구들에게도 나누어 주고
나도 오랫동안 공부를 잘하고 싶어. 지영아, 왜 그렇게 슬픈 얼굴을 하고 있어?
100자루가 들어가지 않은 상자는 소리가 나서 거인이 깬다고? 지영아, 네가 거인
의 귀를 좀 막아 주면 안 되겠니? 좀 막아 줘. 제발 부탁이야. 친구들아, 어떻게 하

176

면 좋을지 좀 말해 줘.

아이들 (각자의 생각을 발표한다.)

잭 마음이 아프지만 93자루는 버리겠어. 그렇지 않으면 100자루도 가져갈 수 없으니까.
나는 거인한테 들키지 않기 위해서 아깝지만 많은 것을 버려야 했어. 땅에서는 수
를 올려서 물건들을 가지고 왔는데, 이제 거인한테 안 들키려고 아까운 수들을 버
리고 가는구나. 이것을 '버림'이라고 해야 되겠다. 그래도 좋아. 안 버리면 아무것
도 못 가져가니까.

- 활동 3 반올림

'잭과 콩나무' 이야기를 각색한다.

잭이 공주를 구출하기 위해 하늘에서 거인과 내기를 하고 있다. 교사가 잭을 맡는
다. 공주는 교사가 일인이역을 해도 좋고, 아이가 맡아도 좋다.

잭 공주님, 거인이 잠을 자고 있으니 빨리 여기서 나갑시다. 어디서 '쿵' 소리가 나네요.
어, 벌써 거인이 잠을 깼네. 하는 수 없구나. 거인과 내기를 해야겠다.

거인님, 내기를 해서 내가 이기면 공주를 데리고 가겠습니다. 거인님이 이기면 공
주님을 여기에 두겠습니다. 먼저 수카드를 뽑아요. 거인님, 벌써 이겼다는 듯이 웃
지 말고 해요. 제가 먼저 뽑을게요. 저는 '375', 거인님은 얼마예요? '235' 와! 신
난다 내가 이겼다. 뭐라고요? 수를 버림을 해서 100까지 표현하라고요? 친구들아,
내 것은 얼마니?

아이들 (각자의 생각을 발표한다.)

잭 나는 '300'이구나. 그러면 거인님은 '200'이지요. 뭐라고요? 거인님은 올림을 해서
100까지 말하겠다고요? 친구들아, 거인 것을 올리면 얼마가 되니?

아이들 (각자의 생각을 발표한다.)

잭 올려서 '300'이 되었다고요? 그것은 불공평해요. 이런 내기는 안 할 겁니다. 하기 싫
으면 공주는 여기 두고 집으로 돌아가라고요? 공주님, 이 일을 어떻게 하면 좋을까
요?

공주 올림이나 버림은 공평한 것이 아니고, 그 상황에서 어쩔 수 없이 올림이나 버림을

선택합니다. 좋은 방법이 있어요. 이럴 때는 반올림이란 것이 있습니다. 1에서 4까지는 버리고 5에서 9까지는 올리는 것입니다. 내기를 할 때는 '반올림'을 사용하면 좀 공평하지요.

잭 거인님, 잘 들으셨죠? 우리는 내기를 하는 것이니 올림이나 버림을 사용하면 안 돼요. 친구들아, 무엇을 사용해야 하니?

아이들 (각자의 생각을 발표한다.)

잭 거인님, 이제 다시 3번 내기해서 누가 이기나 알아봐요.

	잭	거인	승자
1회	375	456	거인
2회	412	347	잭
3회	456	375	잭

친구들아, 누가 이겼니? 심판을 해 줘.

아이들 (각자의 생각을 발표한다.)

잭 공주님, 우리 이제 콩나무를 타고 내려가요. 거인님, 울지 마세요. 오늘 '반올림'에 대해서 배웠잖아요. 다음에 와서 또 한 번 내기해요.

공주 잭님, 고마워요.

▪ 정리 의미 찾기

교사 오늘 공부한 올림, 버림, 반올림을 몸짓으로 표현해 봐요.

아이들 (몸짓은 항상 우리를 즐겁게 하잖아요. 올림은 손을 머리에 두기, 버림은 손을 발에 두기, 반올림은 손을 배꼽에 두기 등 여러 가지 생각을 표현한다.)

31. 세 수의 덧셈과 뺄셈
(독립과 아닌 것)

▪ 들어가면서

1. 세 수의 덧셈과 뺄셈은 어떤 순서로 해야 할까?

▪ 목표

세 수의 덧셈과 뺄셈을 하는 순서를 알 수 있다.

▪ 준비물

교사 : 백지 수카드 30장(A$_4$ $\frac{1}{2}$ 크기)

학생 : 백지 수카드 30장(A$_4$ $\frac{1}{8}$ 크기)

▪ 내용

세 수의 덧셈과 뺄셈의 계산 순서를 역할극을 통해서 자세히 알아본다. 식으로 쓴 상황에서 계산을 통하여 잘못된 것을 이해하는 것보다 역할극을 하면서 상황 속에서 말을 하며 덧셈과 뺄셈의 계산 순서를 알아보는 것이 잘 이해하는 지름길이 된다.

▪ 활동 1 세 수의 덧셈일 때

교사 분단별로 1분단은 예슬 떡 $\boxed{7}$, 2분단은 시온 떡 $\boxed{3}$, 3분단 은재 떡 $\boxed{2}$ 를 수카드에 써 보세요.

아이들 (분단별로 수카드를 쓴다.)

교사 분단별로 한 사람씩 떡 카드를 들고 나와서 먼저 예슬 떡, 시온 떡, 은재 떡 순서로 더해 보세요. 역할극으로 말을 하면서 더해 보세요.

시온 예슬아, 너의 떡 $\boxed{7}$ 하고, 나의 떡 $\boxed{3}$ 을 먼저 더 하고, 그리고 은재 떡 $\boxed{2}$ 를 나중에 더하자.

수학나라 말 $7 + 3 + 2 = 12$

교사 이번에는 시온 떡과 은재 떡이 먼저 합치고 그다음에 예슬 떡이 합쳐 보세요. 역할극으로 말을 하면서 더해 보세요.

아이들 (역할극도 하고)

수학나라 말 $3 + 2 + 7 = 12$

교사 이번에는 예슬 떡과 은재 떡이 먼저 합치고 그다음에 시온 떡이 합쳐 보세요. 역할극으로 말을 하면서 더해 보세요.

아이들 (역할극도 하고)

수학나라 말 $7 + 2 + 3 = 12$

교사 위의 활동을 통해서 우리는 무엇을 알 수 있을까요?

아이들 덧셈에서는 계산 순서를 바꿔서 합쳐도 그 합은 변하지 않습니다.

교사 '덧셈 우리는 독립이다' 외쳐 보세요.

아이들 덧셈 우리는 독립이다.

■ **활동 2** 세 수의 뺄셈일 때

교사 1분단은 엄마가 되어서 귤 10개를 수카드에 써 보세요.

엄마 (수카드 10 을 쓴다.)

교사 엄마는 귤을 10 개 갖고 있어요. 한 사람은 엄마이고, 두 사람(예슬, 시온)이 더 나와 보세요. 그리고 엄마가 예슬이에게 귤 5 개, 시온이에게 귤 3 개를 주려고 합니다. 수카드를 써서 각자 들고 나와서 역할극을 해 보세요. 수학나라 말을 써 볼까요?

엄마 10 개의 귤에서 예슬에게 5 개, 시온에게 3 개를 줄게. 엄마한테는 귤이 2 개가 남았구나.

수학나라 말 $10 - 5 - 3 = 2$

교사 위의 수학나라 말에서 $5 - 3$ 을 먼저 계산할 수 있을까요?

아이들 (여러 가지 대답을 한다.)

교사 $5 - 3$ 은 누가 누구에게 귤을 줍니까? 역할극으로 해 보세요.

아이들 (역할극으로 하면서 ‘예슬이가 시온이에게 귤을 주는 상황이다’ 등 여러 가지 대답을 한다.)

교사 원래 예슬이나 시온이는 누구에게 귤을 받았습니까? 역할극으로 해 보세요.

아이들 (역할극으로 하면서 ‘엄마에게 받았다’ 등 발표한다.)

교사 (5 − 3)은 예슬이가 시온이에게 귤을 주는 것이니까 이것은 엄마가 준 것과 다른 상황이 되지요.

교사 혹시 계산을 하면 답이 어떻게 나오는지 알아볼까요?

아이들 10 − (5 − 3) = 8

교사 (5 − 3)을 먼저 계산을 하면 2가 되고, 10에서 2를 빼면 답이 8이 나옵니다. 처음의 답과 완전히 다릅니다. 무엇을 알았습니까?

아이들 뺄셈에서는 계산 순서를 바꾸면 상황이 완전히 다르게 되고, 틀린 답이 된다는 것을 알았어요.

■ **활동 3** 세 수의 계산에서 덧셈이 먼저 나오고, 뺄셈이 나올 때

교사 이런 수학나라 말이 있습니다.

10 + 5 − 2 = 13

1분단은 수카드에 예슬이 사탕 10 을 2분단은 수카드에 시온이 사탕 5 , 3분단은 수카드에 은재 사탕 2 를 써 보세요.

아이들 (각 분단에서 1명씩 나와서 역할극을 한다.)

예 : 예슬이 사탕 10 개와 시온이 사탕 5 개를 합치고, 은재에게 사탕 2 개를 주면 13 개가 남는다.

교사 이때 (5 − 2)를 먼저 계산하는 역할극을 합시다.

아이들 (각 분단에서 1명씩 나와서 역할극을 한다.)

예 : 시온이 사탕 5 개에서 은재에게 사탕 2 개를 주면 3 개가 남고, 남은 것을 예슬이 사탕 10 과 합치면 사탕은 13 개가 된다.

수학나라 말 10 + (5 − 2) = 13

교사 위의 활동을 통해서 우리는 무엇을 알 수 있을까요?

아이들 덧셈과 뺄셈의 순서일 때는 뺄셈을 먼저 하고 덧셈을 해도 그 값은 변하지 않는
　　　　다는 것을 알았어요.

■ 활동 4 세 수의 계산에서 뺄셈이 먼저 나오고, 덧셈이 나올 때

교사 이런 수학나라 말이 있습니다.

　　　10 − 5 + 2 = 7

　　　1분단은 수카드에 예슬이 사탕 10 을 2분단은 수카드에 시온이 사탕 5 , 3분단
　　　은 수카드에 은재 사탕 2 를 써 보세요.

아이들 (각 분단에서 1명씩 나와서 역할극을 한다.)

　　　예 : 예슬이 사탕 10 에서 시온이에게 사탕 5 개를 주고, 남은 것과 은재의 사탕
　　　2 개를 합쳐서 7 개가 된다.

교사 이때 10 − 5 + 2 = 7 에서 (5 + 2)를 먼저 해 보며 역할극을
　　　합시다.

아이들 (각 분단에서 1명씩 나와서 역할극을 한다.)

　　　예 : 시온이 사탕 5 개에 은재 사탕 2 개를 합치면 7 개가 되고, 이것을 예슬
　　　이 사탕 10 개에서 빼면 사탕은 3 개가 남는다.

교사 은재는 누구의 사탕과 합쳐야 할까요?

아이들 ('예슬이의 남은 사탕과 합쳐야 한다' 등 발표하기)

교사 그런데 위의 (5 + 2)에서 은재는 누구의 사탕과 합쳤나요?

아이들 ('시온이의 사탕과 합쳤다' 발표하기)

교사 위에서 상황이 잘못된 것이 발견됩니까?

아이들 (여러 가지 대답을 한다.)

교사 혹시 계산을 하면 답이 어떻게 나오는지 알아볼까요?

아이들 10 − (5 + 2) = 3

교사 (5 + 2)를 먼저 계산을 하면 답이 3이 나옵니다. 처음 것과 답이 완전히 다
　　　르게 됩니다. 위의 활동을 통해서 우리는 무엇을 알 수 있을까요?

아이들 (뺄셈이 먼저이고, 덧셈이 나중인 혼합 계산일 때 계산 순서를 바꾸면 값은 완전히 다르게

된다. 역할극을 통해서도 은재 사탕은 예슬이 사탕과 합쳐야지 시온이 사탕과 합치는 것이
아닌 것을 알 수 있다.)

모든 덧셈은 각자의 몫을 따로 지니고 있으므로(독립) 더하는 순서를 바꿔도 결과는 변하지 않는다.
그러나 뺄셈은 처음의 수에서 빼기를 하고, 또 처음의 수와 합치는 것이므로 중간에 순서를 함부로
바꾸면 상황이 완전히 바뀌게 된다. 뺄셈은 계산 순서를 함부로 바꾸면 안 된다.

■ **정리** 의미 찾기

교사 공부한 내용을 생각하며 몸짓으로 표현하고 발표하세요.

아이들 (각자의 생각을 몸짓으로 표현하고 발표한다.)

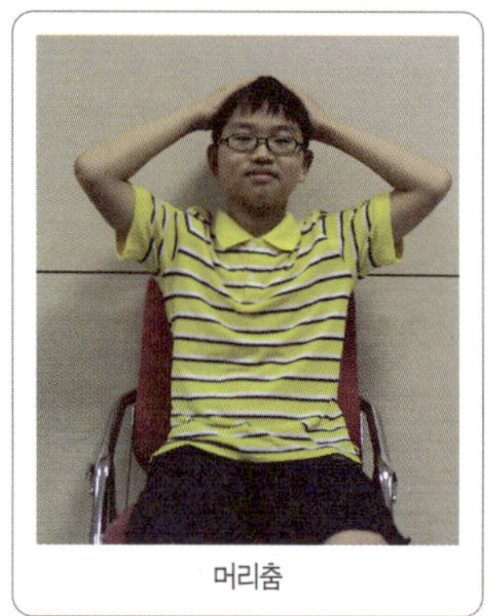

머리춤

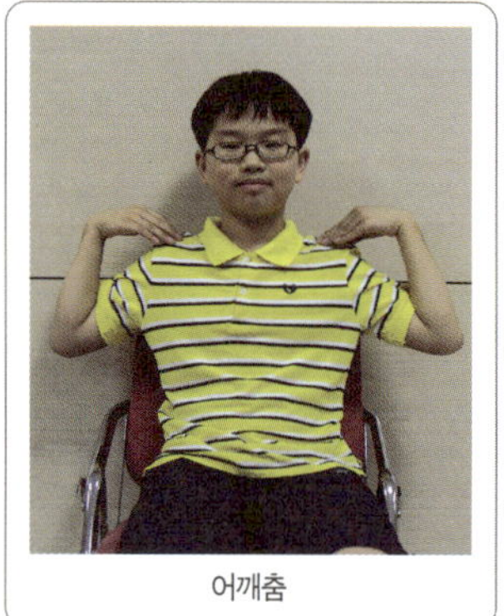

어깨춤

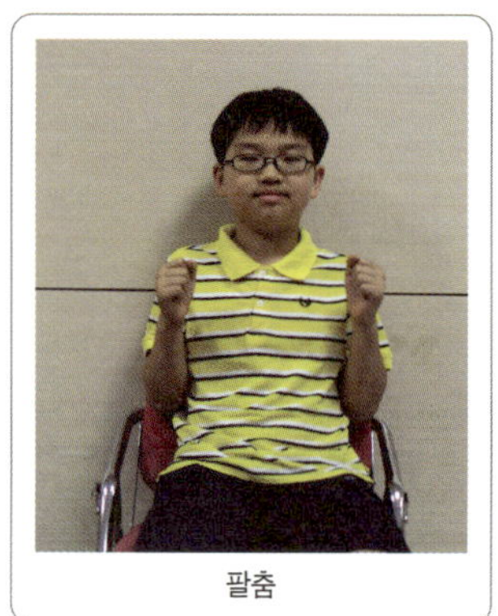

팔춤

몸짓수 예시

몸짓수는 사진과 같이 약속합니다.

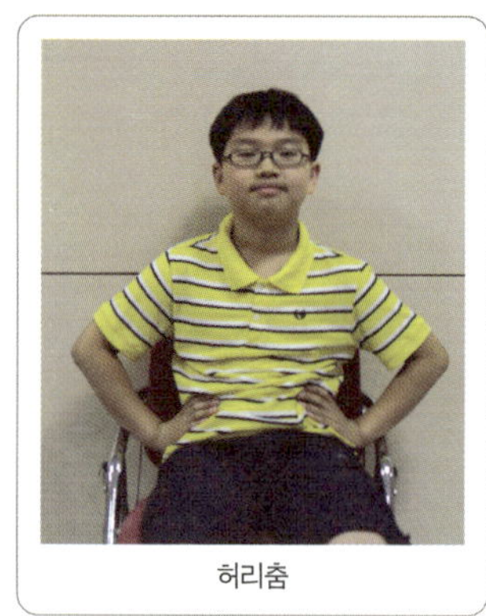

허리춤

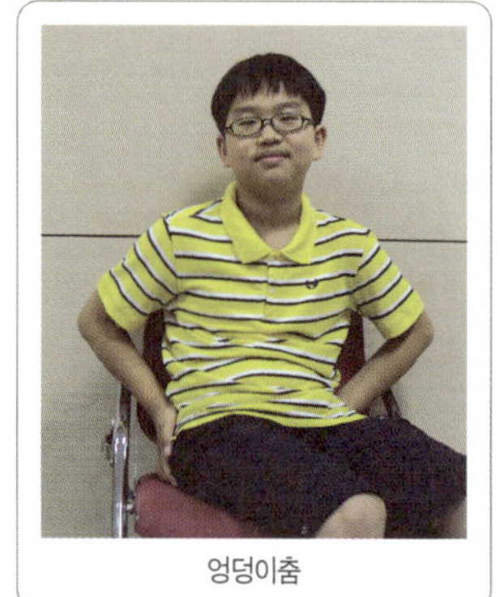

엉덩이춤

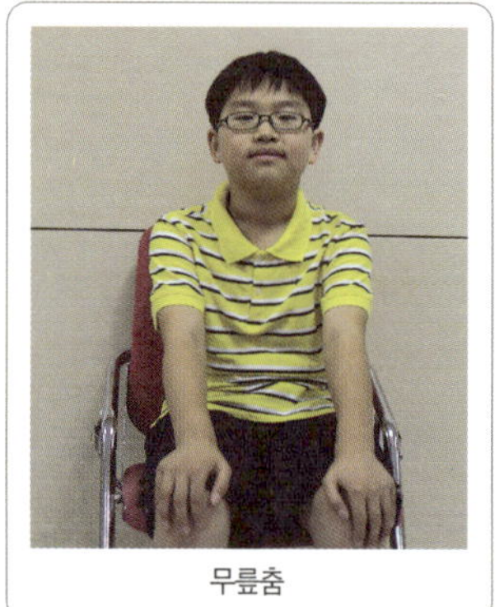

무릎춤

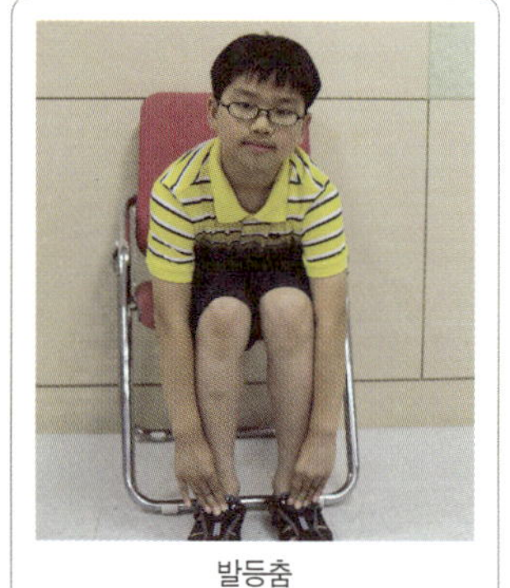

발등춤